北京市地质灾害特征 ⋯⋯ 施

——以门头沟为例

申　健　邓岳飞　李晓玮　李海坤等　著

科学出版社

北　京

内 容 简 介

北京作为我国的首善之区，对地质灾害极为重视，对防灾减灾也极为关注。为了更好地开展地质灾害防治工作，提高防灾减灾能力，本书在大量翔实的第一手调查、监测和实验数据的基础上，以门头沟区为例，力求对近年来北京市典型的具有突发性的地质灾害隐患现状、监测、预警和防治工作进行全面的总结。

本书可供地质灾害防治及监测相关专业工程技术人员参考使用。

图书在版编目（CIP）数据

北京市地质灾害特征及防治措施：以门头沟区为例/申健等著 . —北京：科学出版社，2023.3
ISBN 978-7-03-075138-6

Ⅰ. ①北…　Ⅱ. ①申…　Ⅲ. ①地质灾害–灾害防治–研究–门头沟区
Ⅳ. ①P694

中国国家版本馆 CIP 数据核字（2023）第 044209 号

责任编辑：韩　鹏　崔　妍／责任校对：何艳萍
责任印制：赵　博／封面设计：图阅盛世

科 学 出 版 社 出版
北京东黄城根北街 16 号
邮政编码：100717
http://www.sciencep.com
北京中石油彩色印刷有限责任公司印刷
科学出版社发行　各地新华书店经销
*
2023 年 3 月第 一 版　开本：720×1000　1/16
2025 年 2 月第二次印刷　印张：9 1/4
字数：220 000
定价：108.00 元
（如有印装质量问题，我社负责调换）

本书主要作者

申　健　邓岳飞　李晓玮　李海坤　郭　英
周　亮　张国华　刘晓晓　孙　霖　王聪毅
张　凯　刘文臣　贲友军　辛　肖　赵艳龙
牟宗琪　邓小卫　岳文泽

前　　言

近年来受全球气候变化导致的局地强降雨，以及越来越剧烈的人类工程活动等因素影响，我国地质灾害频发，不仅造成重大人员伤亡和财产损失，也引发了严重的社会和公共安全问题。随着我国国民经济的快速发展和国家综合实力的不断增强，我国地质灾害防治工作也开始由被动灾后治理逐渐向主动防灾转化。科学的监测预警是最大限度减少因灾人员伤亡的有效手段。同时，对具有突发性或重大危害性的地质灾害隐患，及时采取科学有效的应急处置工程措施，人为阻止和避免灾害的发生，也已成为主动化解灾害风险的重要手段。因此，地质灾害监测预警与应急处置工作越来越受到重视和关注。

北京作为我国的首善之区，对地质灾害极为重视，对防灾减灾也极为关注。为了更好地开展地质灾害防治工作，提高防灾减灾能力，申健、邓岳飞、李晓玮、李海坤等以北京市门头沟区地质灾害特征及其防治措施为例组织策划编写本书，对近年来北京市典型地质灾害现状、监测、预警和防治工作进行了全面的总结。编写工作是在大量翔实的第一手调查、监测和实验数据的基础上进行的，同时查阅了大量文献资料，参阅了众多的专项研究成果，分析了繁多的测试数据。

本书共分为6章，各章主要作者为：第1章门头沟区地质环境条件由孙霖、邓岳飞执笔撰写，第2章门头沟区地质灾害史由郭英执笔撰写，第3章门头沟区地质灾害基本特征及分布规律由李晓玮、王聪毅执笔撰写，第4章门头沟区地质灾害成因分析由张国华执笔撰写，第5章门头沟区典型地质灾害特征由刘晓晓执笔撰写，第6章门头沟区突发地质灾害监测预警系统由周亮执笔撰写。申健对全书进行了统稿及整理。此外，李海坤、邓小卫、牟宗琪、辛肖、赵艳龙、岳文泽、张凯、刘文臣、贾友军对本书进行了审阅及指导，提供了大量资料及宝贵意见。

受时间及编写水平的限制，本书存在不足和遗漏。请读者批评和指正。

目　　录

1　门头沟区地质环境条件

1.1　自然地理

1.1.1　地理位置及交通

门头沟区位于北京西部山区，东部、东北部与昌平区、石景山区、海淀区毗邻，南接房山区，东南与丰台区相接，西部、北部与河北省接壤。地理位置为北纬39°48′34″~40°10′37″、东经115°25′00″~116°10′07″。本区东西长约62km，南北宽约34km，全区面积1455km²，有13个乡镇级行政区。截至2022年，全区有常住人口39.6万人。门头沟城区面积为全区面积的7.9%，人口占全区人口的74.7%；浅山区面积为全区面积的24.3%，人口占全区的16.6%；深山区面积为全区面积的67.8%，人口数量仅占全区的8.7%。本次工作区范围覆盖门头沟区行政管辖范围内的山区、半山区。

区内交通发达，共有干线公路8条，其中109国道横贯东西，各乡镇均有柏油路相通，自然村之间有大车路相连。铁路有门（头沟）台（木城涧）线和丰（台）沙（城）二线，其中丰（台）沙（城）二线自三家店入境，横穿区境北部，至旧庄窝出县界。

1.1.2　气象水文

1.1.2.1　水文

门头沟区大部分属永定河流域，永定河从工作区东侧流过。永定河是北京市最大的过境河流，发源于西北山地，穿过崇山峻岭之后，流向东南，斜贯北京西南部，蜿蜒于平原之上。永定河在北京境内流经门头沟、石景山、丰台、房山和大兴五区，经永定新河直接入海。永定河为常年断流河流，永定河年径流量为0.468×10⁸m³，是北京平原区径流量最小的水系。受上游降水季节分配不均的影响，其流量极不稳定。在洪水泛滥时，又是较危险的水系。加之上游流经黄土区，河水含沙量较大，平原地区的河道不断发生淤决，迁徙无定，历史上曾有"小黄河"和"无定河"的别名。1958年官厅水库建成后，才改变了永定河的水文特征。永定河上游雁翅和三家店拦河闸的地表径流量受官厅水库放水的制约，而三家店拦河闸放水和坝下渗漏对北京西郊地区的地下水起到一定的补给作用。

1.1.2.2　气象

门头沟区属中纬度大陆性季风气候，是暖温带与中温带、半干旱与半湿润的过渡地带。春季干旱多风，夏季炎热多雨，秋季凉爽湿润，冬季寒冷干燥。西部山区与东部平原气候呈明显差异，东部平原多年平均气温11.7℃，西部斋堂一带10.2℃。东部极端最高气温41.8℃，西部37.6℃。西部极端最低气温-22.9℃，东部-19.5℃。全区年日照时数为2750小时，日照率达64%。初霜期在10月下旬，终霜期在4月上旬，平原区年无霜期180～190天，山区150～160天。年均相对湿度50%，但全年蒸发量却可高达2134.1mm，相当于降水量的三倍多，所以属于相对较干旱的地区。全区年平均降水量约576.02mm，降水主要集中在7、8、9月份，占年降水量的70%～80%（图1.1），降水量自东向西逐渐减少，受中纬度大气环流的不稳定和季风影响，降水量年际变化大，最多为970.1mm（1977年），最少为304mm（1999年），1999年至2011年最大年降水量为686.3mm。全区多年平均降水量约600mm。该地区冬季降水量只占全年降水量的8%左右，冬季冻结深度为60～80cm。全区每年出现1～2天暴雨，约5～6年出现一次大暴雨。汛期暴雨集中，一次连续降雨多达200～300mm，有时一次降雨量可占汛期雨量的40%以上。此外，高强度降雨又往往集中在几小时之内，降水时间短，降水集中，降水量大。降雨是触发崩塌灾害的主要因素，短时间的强降雨或长时间的降雨浸润都有可能触发崩塌灾害。

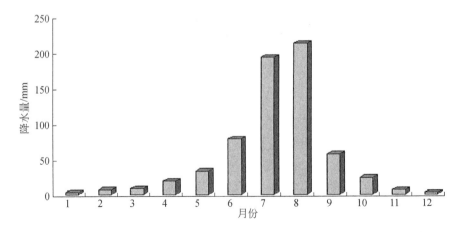

图1.1　全年平均降水量

1.1.3 地形地貌

门头沟区地处华北平原向内蒙古高原过渡地带，地势西北高，东南低。海拔介于73～2303m，属太行山脉与军都山脉的交汇部位。境内的98.5%为山地，平原面积仅占1.5%。西部山地是北京西山的核心部分，山体高大，海拔1500m左右的山峰160余座；西北部的灵山海拔2303m，有"京都第一峰"之称，另有百花山、髫髻山、妙峰山等山峰；东部山地处于北京西山边缘，山体较小，山势渐缓。区内3条主要岭脊均呈东北向平行排列，自西北至东南依次为：黄花梁—黄草梁—棋盘山复背斜，百花山—清水尖—妙峰山复向斜，铁坨山—九龙山—香峪梁复向斜。由于山地切割严重，各岭脊之间形成大小沟谷300余条。平缓的山地与陡峭的山坡交替出现，地形呈锯齿状、阶段性上升。

本区地貌外应力主要表现为流水侵蚀和堆积作用，地貌类型属山地地貌，平原地貌仅限永定河阶地及漫滩。山地根据绝对高度和相对高度可进一步划分为中山、低山、丘陵及山间沟谷流水侵蚀堆积地貌。

1.1.3.1 中山区

海拔大于800m，平均高度约1250m，占全区山地总面积的1/2。由于受北东向构造线控制，形成三条呈北东向平行排列的山岭主脊。北部中山平均海拔1400m，主要由蓟县系雾迷山组厚层巨厚层灰岩、燧石条带白云岩组成，形成大片倾斜平缓的岩溶高原，最高峰为东灵山，海拔2303m；南部中山为一典型的倒转复式向斜，平均海拔1000m，主要由侏罗纪火山岩组成，分布于妙峰山、百花山一线，最高峰为白草畔2035m；东南部中山规模较小，平均海拔仅850m，主峰绝石梁海拔956.7m。区内中山区受构造、岩性影响，山势陡峻、沟谷狭窄，山坡坡度多大于40°，地形切割强烈，常形成狭窄的"V"形沟谷。灰岩地区岩石节理发育，崩塌严重。

1.1.3.2 低山区

海拔800m以下的山地，坡度一般在25°～45°。除受北东向大构造控制外，明显受小构造干扰和差别侵蚀，地形较为破碎，有的呈低山丘陵。与河谷相对高差100～200m左右。低山区土层较薄，植被较差，水土流失较严重。崩塌、泥石流灾害较发育。

1.1.3.3 河谷台地

河谷台地主要分布于清水河谷和永定河谷两侧，沿河谷不连续分布。河谷台地一般三级，分早、中、晚更新世。其中发育和保存较好的是中、晚更新世，尤以晚更新世马兰台地保存最好。冲积物厚 5~20m，中更新世阶地见有红色土。

1.1.3.4 永定河洪冲积平原

该地貌类型位于本区东南三家店至卧龙岗一带，面积仅占全区的 1.2%，为永定河洪冲积扇顶之一，平均坡降 0.7%。根据地貌部位及沉积物对比，可分为切割破碎的永定河二级洪积平原台地和近代永定河一级洪冲积平原。地质灾害不发育。

1.2 地 质 背 景

1.2.1 地层

门头沟区内地层出露较全，从中元古界蓟县系起，除个别地层缺失外，各时代地层均有出露，尤以中生界侏罗系最为发育（北京市地质矿产局，1991）。

（1）蓟县系（Jx）广泛分布于区内西北部梨园岭—沿河城—青白口以北地区。岩性组合为灰白色巨厚层-厚层状硅质条带白云岩夹薄层状黑色页岩。岩石坚硬，层理发育，多形成陡峻的高山。

（2）青白口系（Qn）主要分布于燕家台—柏峪台、青白口—大村一带，鲁家滩以南有少量出露。岩性组合主要为黑色页岩、粉砂岩及长石石英砂岩等。岩石抗风化能力较弱，极易破碎。

（3）寒武系（∈）主要分布在梨园岭—刘家峪、青白口—大村以南一带，总体呈北东向展布，下苇甸、鲁家滩等地也有出露。岩性组合为豹斑泥晶灰岩、鲕粒灰岩及竹叶状灰岩与粉砂岩互层。岩石较坚硬，但常夹有软弱岩层，岩体强度有所降低，形成的山体以低山为主。

（4）奥陶系（O）主要分布于木城涧—北岭—潭柘寺以南地区、色树坟—灰峪以北地区以及杜家庄—王家山以北地区，呈北东向带状展布。岩性以厚层灰岩、泥质条带灰岩及角砾灰岩与白云岩互层为主。

（5）石炭系（C）分布于木城涧—潭柘寺、色树坟—灰峪一带，条带状展布，梨园岭以南，淤柏村北西也有少量出露。岩性组合为粉砂岩、细砂岩、泥质岩夹煤层。

（6）二叠系（P）分布于木城涧—色树坟—东杨坨、王平村—西峰寺一带。岩性组合为砾岩、砂岩、凝灰质砂岩、含砾石英砂岩夹煤层。

（7）侏罗系（J）为区内分布最广泛的地层单元，自黄塔至妙峰山斜跨全区。其中下部窑坡组为本区最主要的含煤地层。岩性组合为底部玄武岩、安山岩及安山质火山碎屑岩，下部（窑坡组）粉砂岩、细砂岩、粗砂岩互层夹煤层，中上部砾岩、砂岩、凝灰质粉砂岩夹火山熔岩。

（8）白垩系（K）区内出露范围不大，主要分布在齐家庄以南、公涧铺以北的分水岭地区以及沿河城南部地区。主要岩性为安山岩、流纹岩、流纹质熔结凝灰岩及火山碎屑岩。

（9）新近系（N）零星出露在斋堂—杜家庄的清水河南岸及山前地带。岩性为棕红色砾石层和棕红色黄土状亚黏土，砾石成分复杂但磨圆度较好。

（10）第四系（Q）主要出露在本区西南部山前地区及永定河、清水河沿岸以及一些较宽阔的沟谷中。岩性组合为黄土、黄土状亚砂土夹砾石层以及现代河流冲洪积砂砾石、卵石等。

1.2.2　岩浆岩

区内侵入岩不甚发育，仅以岩枝、岩株、岩床等形式零星分布。主要岩性包括：辉长岩、花岗岩、花岗闪长岩、二长斑岩、闪长岩、闪长玢岩、石英斑岩等。较大岩体有：棋盘岩辉长岩体，出露面积约 $10km^2$；上苇甸花岗闪长岩体，约 $7km^2$；碾台花岗岩体，约 $7.5km^2$；白羊石虎花岗岩体，约 $20km^2$（包括河北省部分）。除棋盘岩辉长岩体外，其余岩体均为燕山期岩浆活动产物。

1.2.3　地质构造

本区位于燕山台褶带之西山迭坳褶，包括青白口中穹褶和门头沟迭陷褶。燕山期经历了较强烈的构造变形，形成了一系列大规模的褶皱构造，断裂构造较为发育。

1.2.3.1　褶皱

区内褶皱构造发育，是北京地区中生代向斜构造规模较大、分布相对集中的地区。褶皱核部一般较宽阔、平缓，两翼较陡，形似箱状。其中以北东向褶皱规模较大，东西向和北西向次之，近南北向者规模最小，且不发育。

（1）燕家台复式背斜：出露于门头沟区最西部。它包括西北翼的烟筒山向斜、轴部的燕家台背斜、东南翼的梁家山向斜、传子岭—川底下背斜、梁家庄南向斜。各背斜核部均由中新元古界组成，向斜核部由寒武系、奥陶系组成。背、向斜两翼产状一般30°～40°。晚期受同方位沿河城断裂等切割破坏，局部褶皱构造形态较复杂。

（2）百花山—髫髻山复式向斜：呈北东东向斜贯门头沟区中部，规模巨大，是西山重要的构造单元之一。包括军响南背斜、庙安岭向斜、大背梁—煤窝梁背斜及其南侧向斜等。

（3）门头沟复式背斜：出露于门头沟区东部。自西北至东南有王平村背斜、九龙山—香峪大梁向斜、红庙岭背斜、石景山向斜、石门营背斜。褶皱呈舒缓波状。北翼和核部产状较平缓，南翼往往因伴有断层产状陡立，甚至倒转。

（4）百花山向斜：为一略向南西缓倾伏，轴面向南东陡倾的斜外箱状向斜。北东端于斋堂西南略翘起，西南倾伏端为燕山晚期镇厂向斜截切掩覆。东翼伴有马兰倒转脊状背斜及逆冲断层，产状稍陡，西北翼及向斜核部岩层产状较缓。

（5）髻髻山向斜：位于髻髻山—妙峰山一带，形态与百花山向斜类似，呈北东走向，轴面向南东陡倾，是唯一斜歪箱状向斜。西北翼产状较缓，核部开阔平坦，东南翼伴有斜歪并倒转的脊状背斜及逆冲断层，受早期构造限制和晚期构造改造，东北和西南端褶皱轴方位略有偏转，总体上呈现出"S"形特征。

（6）青白口半穹隆：系燕山早、中期构造改造而成，出露于门头沟区北部，为一轴向北西—北北西、轴面近直立、南端岩层产状直立闭合、东西两翼产状较陡、顶部岩层产状平缓、北部北东向沿河城断裂阻隔成鼻状隆起构造。

（7）镇厂—杜家庄向斜：出露于本区最西部，区内部分仅为向斜北段翘起端。东翼产状倾向北西西，倾角30°～45°，核部岩层产状平缓，西至西北翼倾角较小，为一轴面略向东陡倾的不对称向斜。

（8）下苇甸穹隆：出露于髻髻山向斜之东侧，穹窿轴向近南北、轴面近直立，规模相对较小。

另外，在马兰—斋堂等地有一些规模较大的南北向褶皱，在潭柘寺等地，于早期向斜南翼有一些镶边的南北向小褶皱，是燕山晚期褶皱构造叠加的结果。

1.2.3.2　断裂

区内断裂构造较发育，以北东向、北北东向为主，东西、北西向次之。

1. 大断裂

区内大断裂仅有一条即沿河城断裂（F1），其走向北东50°左右，倾向南东，倾角60°～70°，出露于北东向燕家台复式背斜与髻髻山—百花山复式向斜之过渡带。该断裂经历了多期次的活动，有较复杂的相对运动和变形过程。燕山早期在北北西—南南东方向挤压应力作用下，随着北东向褶皱的进一步发展，该断裂以逆时针压剪性破裂出现；燕山中期在北西—南东向挤压应力作用下，断裂仍为压剪性，但作顺时针扭动，东盘向西盘上冲；燕山晚期在区域性北西西—南东东向挤压应力作用下，断裂表现为张剪性顺时针滑动，东南盘正断下掉；新生代以来，断裂的部分地段仍表现出活动性，呈明显的正断层性质。

2. 一般断裂

区内一般断裂主要包括北东向断裂和北北东向断裂。

北东向断裂：基本定形于燕尾服山早期，常被形成时代稍晚的北北东向断裂迁就利用，使其延展方位常发生北北东向偏转，正常情况下走向多在北东50°～60°左右，向东南或西北倾斜，倾角20°～45°不等。沿走向舒缓波状弯曲、糜棱岩、挤压片理化、破碎带常发育，常伴有明显的动力变质现象，具较明显的压性、压剪性特征，经常以逆冲甚至逆掩推覆构造形式出现。部分地区由于后期构造不断隆起抬升，中断裂的中深构造层次常可见向韧性剪切断裂逐渐过渡的现象。该类断裂对燕山早期的岩浆侵入活动、燕山中期的火山喷发和沉积有较明显的控制作用。断裂的规模一般较大，长度可达10km以上，延伸较稳定，空间上常成束成带，并与北东向的褶皱构造密切伴生。区内出露较好的北东向断裂有张家庄断裂（F2）、大地—四台子断裂（F3）等。

北北东向断裂：走向一般为北东20°～30°，倾向东南或西北，倾角30°～60°不等。延伸较稳定，规模多在20～30km。形态舒缓波状，常雁行斜列，具明显的压剪性特征。其形成时期大致为燕山中晚期，一般均截切东西向断裂，现今仍有较大的活动性，特别是平原区与其他构造交接部位，常有不同级别的地震发生。新生代以来，断裂性质由压剪性向张剪性转化。空间上呈带状分布。区内主要的北北东向断裂有珠窝断裂束（F4）、妙峰山断裂（F5）、大台—上苇甸断裂（F6）、马栏断裂束（F7）等。

北西向断裂：走向北西315°～32°，倾向东北或西南，倾角50°～70°不等。断面一般为平直，略显舒缓波状，延伸较大，长度约20km。其发育时间可能较早，燕山早期曾一度以压性-压剪性特征出现，燕山中期断裂面转化为张性至张剪性，燕山晚期以来复又转为以压剪性特征为主。区内主要的北西向断裂为横岭断裂（F8）。

1.2.3.3　新构造活动

新生代以来，本区自燕山运动以后整体间歇性抬升，接受陆表剥蚀，缺失白垩纪到始新世晚期以前的沉积。在间歇性新构造运动的影响下，形成多层地形面（夷平面和阶地），从河谷至分水岭作递变阶梯状组合。

最高的夷平面是北台期准平原面，它显示了古近纪的准平原化过程。在渐新世晚期到中新世中期受喜马拉雅第一幕运动的影响而被抬升。由于第一幕运动使本区抬升并非连续的，而且受到上新世晚期的喜马拉雅第二幕运动的位移而发生解体或变形。因此，北台期准平原面现在的海拔是不一致的，大体上在海拔1100～2000m左右，可分为三级夷平面。第一级夷平面的海拔约2000m，由灵山、白草畔、百花山山顶等；第二级夷平面海拔为 1400~1600m，有老龙窝、黄草梁、笔架山、清水尖等山顶面；第三级夷平面的海拔为 1100~1200m，如柏峪西、梁家山、妙峰山等山顶面。在东南部此级夷平面的海拔降到 800~900m，如九龙山。

在喜马拉雅第一幕运动后的上新世，本区地面又在地壳相对稳定的条件下进行大规模的剥蚀和夷平过程，使古近纪的北台期夷平面经抬升后处于剥蚀和夷平环境，形成另一个地文期地形面——唐县期宽谷面。唐县面在斋堂附近最为典型，海拔为 500~700m，与河床的相对高度约 100~300m。这一级剥蚀面的海拔也是不一致的，大体在 200~1100m。在西部唐县面的海拔较高，如黄安坨达1100m，而东部（担礼、军庄附近）则较低，仅 200m 左右，高于河床约 100m。唐县面以下有三级阶地面。最高一级阶地的相对高度约 60~90m，次一级的阶地是相对高度 30~45m 的马兰阶地，最低一级的阶地是板桥阶地，相对高度 10m 左右。

古近纪以来新构造运动尽管对本区的地质构造格局的影响比较轻微，但它在塑造现代地貌轮廓上有较大的作用。在新构造运动的影响下，本区西部山地继续抬升，东南部平原仍下沉。这不仅影响到地貌发育，而且造成西高东南低的地势和较大的起伏。本区的绝对高差达 2200 多米，并有数座超过 2000m 的山峰，即使从附近河谷算起，相对高度也超过 1000m。这种巨大的地势起伏，重新分配了大尺度地域分异所决定的本区水热气候条件，使水热状况随高度的增加而发生有规律地变化，并引起各自然地理成分发生相应的垂直变化，成为本区重要的自然特点。

在第四纪中，区内的老断裂有时仍表现出一定的活动性，如沿河城断裂的活动使其两盘同一阶地错位，高差可达数十米。

新构造活动产生的整体抬升造成了本区山地的形成，表现出现今河谷深切、重峦叠嶂的地貌形态。

1.2.4 人类工程活动

门头沟区人类工程活动对地质环境的影响主要表现在矿山开采和工程建设。

1.2.4.1 矿山开采

2011 年以前，门头沟矿山企业的类型较多，包括煤矿、铁矿、石灰岩矿、花岗岩矿、玄武岩矿、板岩矿、页岩矿、叶蜡石矿、砂岩矿、伊利石黏土矿等，特别是煤炭开采业曾是门头沟区主要的经济支柱，为北京市经济建设做出过巨大贡献，但是矿山开采引发了一系列地质环境问题，如地面塌陷和废弃矿渣堆积。

煤矿开采造成地下采空，导致地表变形及建筑物开裂，见图 1.2。开矿选矿残留的大量废渣堆积在沟道中，形成煤矸石山，稳定性极差，成为泥石流的松散物质来源，见图 1.3。此外，矿山开采破坏了附近沟谷内的自然地质环境，造成岩石裸露，形成陡峭的岩质边坡，容易导致崩塌等地质灾害的发生。

图 1.2　永定镇秋坡村煤矿周围房屋开裂

图 1.3　大台黑港沟煤矸石山

2000 年以后门头沟区开始陆续关闭矿山，截至 2011 年底，门头沟区关闭包括煤矿在内的 155 个矿山。

1.2.4.2　工程建设

门头沟区旅游文化资源丰富，区内各项工程开发建设频繁，景区内村庄房屋翻建、景区服务设施及景点的开发建设等工程经常进行土石方开挖和削坡施工，破坏了原有的地形、地貌及植被，坡体稳定性大大降低，易形成不稳定斜坡，诱发崩塌灾害。

门头沟境内交通发达，有多条主干公路，G108、G109、S219、X002、X013等主干公路总长约171km，山区公路狭窄、弯多，沿线多落差较大的危岩体、陡崖等。此外，近年来随着社会的发展，门头沟区公路、道路、山区防火通道的施工建设越来越多，修建道路进行土石方开挖，形成陡峭边坡，岩体风化加速，卸荷松动，形成危岩块体，见图1.4和图1.5。坡体在震动、降雨及风化等触发因素下，易发生崩塌灾害，威胁过往车辆和行人的安全。

图 1.4　G109 国道公路沿线崩塌

图 1.5　妙峰山公路沿线崩塌

1.2.5 水文地质

地下水的赋存规律以地层岩性为基础，门头沟区东部平原地区以第四系孔隙水为主，西部山区为岩溶裂隙水、碎屑岩裂隙水、火山岩裂隙水。本区内就含水层的地理位置、岩性及地下水赋存形式可划分为5种类型，即第四系孔隙水、碳酸盐岩岩溶裂隙水、碳酸盐岩岩溶—碎屑岩裂隙水、碎屑岩裂隙水、火成岩类裂隙水。

1.2.5.1 第四系水文地质条件

1. 第四系孔隙水含水层岩性及富水性分区

第四系含水层主要分布于门头沟区东部平原地区及山间沟谷。平原区由现代永定河河道及一级阶地组成，分布于区内三家店以南至永定西辛称地区，含水层岩性主要由砂砾卵石和部分漂石组成，其厚度30～70m左右（不包括泥砾层），单井出水量在20世纪80年代能达到3000～5000m³/d。近些年来，由于地下水位下降，单井出水能力有所下降，一般为1000～3000m³/d。山前地区及山间沟谷地区岩层以坡积相为主，呈带状分布，富水性不均一，单井出水量一般小于500m³/d。

2. 第四系地下水的补给、径流与排泄

本区第四系地下水的补给方式主要有大气降水入渗、农业灌溉水回归入渗、西部山区侧向径流补给及永定河三家店坝下渗漏补给。

本区第四系地下水的径流方向在门头沟平原区北部地区由西北流向东南，水力坡度为5.5%～6.7%；平原区西部的径流方向由西向东，水力坡度为9.1%～10.7%；平原区东南部地区由西北向东南流，水力坡度为2.9%～10%；本区地下水的排泄方式主要有人工开采及地下水向下游侧向流出。

3. 第四系地下水位动态

一般来说，每年的3～5月是本区地下水位下降期，主要因为这一时期降水量小，农业开采量的相对减少，使得地下水位保持稳定或逐渐回升；10月至次年3月，由于用水量相对减少，水位保持平稳。

1.2.5.2 基岩水文地质条件

1. 基岩含水层岩性及富水性分区

1）碳酸盐岩岩溶裂隙水

（1）奥陶系含水岩组

奥陶系含水岩组主要分布在清水及斋堂两镇的中部地区、军响镇的西北及东北部、雁翅镇的东北部、妙峰山镇南部地区、潭柘寺镇南部，出露面积81.25km²，占全部山区面积的6.04%，岩性为灰岩、白云质灰岩。岩溶裂隙发育，利于大气降水及地表水入渗补给，是本区的主要含水岩组及开采层。富水性好，差异大，水质好，单井涌水量500～2000m³/d。但由于其分布位置、所处地质构造部位不同和岩溶裂隙发育程度不均，地下水位埋深、富水程度也有差距。如妙峰山担礼村基岩井单井出水量只有480m³/d，降深13.16m，而在排泄区石景山杨庄水厂基岩井单井出水量有2165.8m³/d，降深27.51m。在门头沟区以奥陶系灰岩水为供水源的村庄主要分布在妙峰山地区和潭柘寺地区，在妙峰山镇丁家滩—南园地区灰岩地下水位埋深由南向北逐渐加深，丁家滩地区灰岩地下水位埋深21.5m，而南园村水位埋深为140m左右；潭柘寺镇南辛房地区是灰岩水的补给区，地下水位埋深较大，一般在130～160m之间。

（2）蓟县系雾迷山含水岩组

蓟县系雾迷山含水岩组在门头沟北部分布广泛，出露面积235km²，占全部山区的17.4%，岩性为硅质燧石条带白云岩、藻团白云岩，裂隙发育，透水性及导水性较好，单井涌水量500～2000m³/d。如清水镇灵山畜牧场93农-1号井，井深301.62m，单井出水量737.08m³/d，降深8.0m，斋堂镇柏峪村285号基岩井，井深325m，单井出水量只有432m³/d，门头沟区北部山区地势较高，人口稀少，利用该地层地下水为饮用水源的村庄较少，在门头沟区西北部地区，地下水埋深大，无法开采地下水，随着地形逐渐升高地下水位埋深由南向北逐渐加深。由于受到阻断层的影响，清水镇龙门涧地区仍然有泉水出露。在雁翅镇大村一带地下水埋深较浅，静水位埋深40～60m。

（3）寒武系含水岩组

寒武系张夏、昌平含水岩组主要分布于百花山向斜北侧翼部、庙安岭髻髽山向斜的南北两翼及潭柘寺镇鲁家滩以南地区、清水镇石板房村西，占全部山区的4.3%，与奥陶系灰岩在同一地区出露，地下水位埋深深度基本一致，主要岩性为鲕状灰岩、灰岩及豹皮状灰岩，岩溶裂隙发育。其富水性受构造及出露位置影响，单井涌水量一般500～1500m³/d。如斋堂镇爨底下村284号井，井深303m，单井出水量480m³/d，静水位埋深81m。

（4）长城系高于庄组含水岩组

长城系高于庄组含水岩组在门头沟区分布面积较小，仅在雁翅镇大村地区北部、向阳口地区及马刨泉西北分布，仅占山区的0.41%，主要岩性为硅质条带白云岩、灰质白云岩，岩溶裂隙发育，单井涌水量一般50～500m³/d，雁翅镇大村以北静水位埋深36m左右。

2）碳酸盐岩岩溶水—碎屑岩裂隙水

（1）中、上寒武统馒头组、炒米店组含水组

主要分布于百花山向斜北侧翼部、庙安岭鬐髻山向斜的南北两翼及潭柘寺镇鲁家滩以南地区和清水石板房村西。炒米店组岩性为鲕状灰岩、竹叶状灰岩、泥质条带灰岩。由于含泥质成分高，岩溶不太发育，单井涌水量一般 $100 \sim 200 \mathrm{m}^3/\mathrm{d}$。馒头组主要岩性为泥晶白云岩、紫红色粉砂质泥岩。由于该组地层页岩为主，所以富水性较差，一般单井涌水量 $<500 \mathrm{m}^3/\mathrm{d}$。如妙峰山镇桃园村 199 号井，井深226m，单井出水量 $288 \mathrm{m}^3/\mathrm{d}$，静水位埋深 150m。

（2）青白口系景儿峪组、龙山组、蓟县系铁岭组含水岩组

以板状灰岩、燧石团块灰岩、白云岩为主加少量碎屑岩，单井涌水量一般不大，在有利的构造条件下单井涌水量可达 $500 \sim 1000 \mathrm{m}^3/\mathrm{d}$。如潭柘寺镇首钢鲁家山矿 29 号井，单井出水量 $480 \mathrm{m}^3/\mathrm{d}$，静水位埋深 80m。

3）碎屑岩裂隙水

（1）二叠系石盒子组、山西组含水岩组

分布于门头沟区东部九龙山—香峪向斜的两翼，其岩性为含砾粗砂岩、石英砂岩、中细砂岩，层理裂隙较发育，含水层具多层性，一般单井涌水量 $100 \sim 200 \mathrm{m}^3/\mathrm{d}$。如永定镇苛萝坨村 53 号井，井深 449m，单井出水量 $200 \mathrm{m}^3/\mathrm{d}$，静水位埋深 48m。

（2）下侏罗统窑坡组、石炭系太原组含水层

分布于门头沟区的东南部地区，岩性以粉砂岩为主、页岩夹煤层，单井涌水量 $200 \sim 500 \mathrm{m}^3/\mathrm{d}$。如斋堂镇白虎头村 288 号井，井深 250m，单井涌水量 $240 \mathrm{m}^3/\mathrm{d}$，静水位埋深 23m。

（3）杏石口组、双泉组、龙门组、九龙山组含水岩组

其岩性为砂岩、砾岩、页岩及火山碎屑岩，裂隙发育较差，富水性较差，但在构造破碎部位裂隙较发育，一般单井涌水量 $200 \sim 500 \mathrm{m}^3/\mathrm{d}$。如军庄镇东山村179 号井，井深 255m，单井涌水量 $480 \mathrm{m}^3/\mathrm{d}$，静水位埋深 49.88m。

（4）青白口系下马岭组、蓟县系洪水庄组、杨庄组、长城系大红峪组含水岩组

岩性主要为石英岩、石英砂岩、页岩，富水性很差，一般单井涌水量 $50 \sim 200 \mathrm{m}^3/\mathrm{d}$。如清水镇台上村 331 号井，井深 200m，单井涌水量 $240 \mathrm{m}^3/\mathrm{d}$，静水位埋深 53.8m。

4）火成岩类裂隙水

（1）花岗岩类含水岩组

花岗岩表层风化裂隙发育，并有泉出露，流量一般 $<50 \mathrm{m}^3/\mathrm{d}$。如妙峰山镇上

苇甸村海军部队海供 1 号井，井深 400m，单井出水量 1296m³/d，静水位埋深 30.18m。

（2）侏罗系南大岭组、髫髻山组、张家口—东狼沟组含水岩组

岩性以凝灰岩、安山质角砾岩、玄武岩为主，夹少量凝灰质砂岩与页岩，裂隙发育不均，在断裂带破碎带部位裂隙发育，富水性较好，单井涌水量 5～500m³/d。如清水镇杜家庄村 341 号井，井深 321m，单井出水量 240m³/d，静水位埋深 186m。

2. 基岩地下水的补给、径流与排泄

门头沟区基岩地下水主要由大气降水、地表水入渗补给，地下水径流受含水层分布特征及地表形态的影响，排泄主要以人工开采、地下水径流形式流出本区。

1）补给来源

（1）大气降水直接垂直渗入补给

在门头沟区主要的取水目的层为奥陶系和寒武系灰岩含水岩组、蓟县系雾迷山组和长城系高于山组白云岩含水岩组，岩溶裂隙特别发育，即使在沟谷地带第四系覆盖层也比较薄，利于降水的垂直入渗补给。据《北京市石景山区地下水资源调查评价报告》，鲁家滩南辛房观测孔 1998 年 6 月最低水位埋深在 101.23m，而 1998 年 7 月 15 日洪水过后水位埋深仅 18m，说明该地区岩溶地下水受降水控制相当明显。

在弱透水性的碎屑岩、火山岩地区，除表面风化层及断裂附近接受少量大气降水补给外，其余均以地表径流方式流入河谷，补给第四系含水层，当下游为强透水的灰岩时，孔隙水又转化成灰岩裂隙水补给灰岩。

（2）地表水体的渗透补给

主要发生在灰岩直接出露于河床地段，永定河及其支流清水河的灰岩河段，地表水体以河曲形式流过，对地下水有渗透补给。如据雁翅—三家店水文站观测资料，永定河地表水有很大的损失量。位于永定河的河曲间妙峰山担礼村基岩水位长期观测孔监测资料显示，地下水位标高在 1996 年丰水期和 1997 年枯水期分别为 132.60m 和 131.48m，水位差仅 1.12m。因此可以说明地表水对地下水有补给作用。

2）径流

区内基岩裂隙水，主要由周围高山地区向河道、山前平原地区流动，最后以不同形式补给第四系孔隙水。

在灰岩分布地区，地下水运动途径以岩溶裂隙、层面裂隙导水为主，并以一定的水力坡度由高山向低洼地带流动。永定河流域沿河城—三家店段灰岩地下水

位埋深深度较大,因此该地区有永定河地表水补给灰岩地区地下水。在清水河流域,受到沿河城断裂的影响该地区部分灰岩地下水都向下清水地区汇集,最后在下清水村北以泉水形式流出地表补给清水河。

火山岩地区以裂隙含水为主,一般径流条件差,只有在断裂带附近,才有利于地下水运移。该类岩性地区的地下水主要是通过沟谷向永定河及清水河汇集。

3)排泄

区内地下水主要排泄方式有三种。

(1)人工开采:由于近年来连续干旱,年降水量少,在门头沟区开凿了大量的供水井,因此人工开采是门头沟区地下水排泄的主要方式。

(2)侧向流出:本区东部为地下水侧向排泄区,岩溶地下水以深循环径流形式向东流出本区。

(3)泉水排泄:门头沟区原有泉水200余眼,原为该地区基岩的主要排泄方式之一,在全区都有出露。但是由于近年来连续干旱,降水量少,大部分泉水已经断流。仅在百花山、灵山等地区仍有流量较大的泉水出露。

2 门头沟区地质灾害史

门头沟区位于北京市西部中低山地区，由于地形地质条件复杂、地质构造发育、降水时空分布不均匀等自然条件的特点，加上人类活动带来的破坏作用，曾多次发生崩塌、滑坡、泥石流、地面塌陷灾害，给当地人民的生命财产、交通水利、旅游设施和植被景观等造成了一定的损失，是北京地区发生地质灾害较多、灾害后果较严重的地区之一。地质灾害具有点多面广、突发性强、隐蔽性大、体量小的特点[①]。

2.1 崩塌灾害史

根据搜集的历史资料和实地调查的数据，门头沟区崩塌灾害历史相关记录较少，近几十年修建公路和房屋造成的切坡削坡导致崩塌灾害发生次数增多，因规模较小，无人员伤亡记录，但造成交通中断。

门头沟地区的崩塌灾害多发生于降雨过程之中或稍微滞后，常造成山区公路毁坏、交通受阻。另外，山区一些偏僻的地方，农民房屋依山而建，有时发生岩石崩落造成灾害。门头沟区几乎每年都发生崩塌灾害事件，但由于历史上未对其进行过系统记载，相关灾情记录较少。根据本次调查统计，截至 2020 年，威胁居民点的崩塌灾害共发生过 60 次，以小型崩塌为主，未造成人员伤亡，图 2.1 和图 2.2 为 2012 年 "7·21" 期间大台街道双红社区高有道家房屋北侧发生的崩塌，崩塌方量 50~100m³，其中两块较大的石块落入院中砸坏 2 间房屋。公路沿线的崩塌数量众多，以小型崩塌为主，仅 2012 年 "7·21" 强降雨期间，门头沟区境内的道路（含 2 条国道、3 条省道、18 条县道和 48 条乡及以下道路）沿线发生 228 处灾害，其中有 2 处造成路基损毁，2013~2020 年期间，共发生公路崩塌 22 处。图 2.3 是 2011 年 G109K87+00m 段发生的崩塌灾害，方量达 8000m³；图 2.4 是 2010 年 S219 路 K29 段发生的崩塌灾害，方量达 80000m³；图 2.5 是 2017 年下安路 K5+900m 处发生的崩塌灾害，方量约 1500m³；图 2.6 是 2018 年南雁路 K26+300m 处发生的崩塌灾害，方量约 530m³，线路数起灾害均造成交通中断，无人员伤亡。典型公路崩塌灾害详见表 2.1（孙艳林，2015）。

---

① 北京市地质研究所 . 2012. 北京市门头沟区 "7·21" 地质灾害调查报告 .

图 2.1　双红社区高有道家崩塌堆积体

图 2.2　双红社区高有道家崩塌块石

图2.3 K87+00m 处崩塌

图2.4 S219 K29+400m—K29+500m 处崩塌

图2.5 下安路 K5+900m 处崩塌

图 2.6　南雁路 K26+300m 处崩塌

表 2.1　主要崩塌地质灾害灾情统计表

序号	发生时间	灾害类型	地点	规模/m³	灾情等级	经济损失/万元
1	2015.7.28	崩塌	清水镇塔河村港沟	100	小型	0.8
2	2015.8.3	崩塌	王平镇东王平村村北	0.2	小型	—
3	2015.9.4	崩塌	军庄镇公路 S210 K04+400m	5	小型	—
4		崩塌	王平镇东王平村 23#房后	10	小型	—
5		崩塌	王平镇东王平村北	100	小型	—
6		崩塌	王平镇东王平村 72#屋后	120	小型	—
7		崩塌	王平镇东马各庄刘万芝房后	10	小型	—
8	2016.7.19 ~2016.7.21	崩塌	妙峰山镇门（头沟）大（台）铁路 1#隧道南口	45	小型	2
9						
10		崩塌	妙峰山镇上苇甸村甲 98#	50	小型	0.5
11		崩塌	潭柘寺定都阁景区公路	100	小型	—
12		崩塌	龙泉镇龙泉雾村范兰英屋后	6	小型	0.5
13		崩塌	斋堂镇沿（河城）向（阳口）路 K1+400m	500	小型	—
		崩塌	清水镇于灵山路 K15+000m—K15+600m	1800	小型	—
14	2016.8.15	崩塌	斋堂镇王龙口村村东	380	小型	5
15	2017.7.6	崩塌	清水镇京拉路（G109）K97+630m	60	小型	—
16	2017.10.19	崩塌	妙峰山镇黄台村下安路 K5+900m	1500	小型	50

续表

序号	发生时间	灾害类型	地点	规模/m³	灾情等级	经济损失/万元
17	2017.12.1	崩塌	雁翅镇付珠路 K4+400m	20	小型	—
18	2018.7.18	崩塌	雁翅镇淤白村 51 号屋后	10	小型	—
19	2018.7.18	崩塌	雁翅镇淤白村张万全家屋后	3	小型	—
20	2018.7.17	崩塌	妙峰山镇涧沟村孙晋国屋后	0.6	小型	—
21	2018.7.20	崩塌	南雁路 S219 省道 K26+300m	530	小型	—
22	2018.7.20	崩塌	K34+700m	70	小型	—
23	2018.7.20	崩塌	K36+400m	550	小型	—
24	2018.7.20	崩塌	大台灰地社区入口道路西坡	220	小型	—
25	2018.8.14	崩塌	雁翅镇苇子水村南雁路 S219K38+560m	54	小型	—
26	2018.9.6	崩塌	葡山公园西侧道路边坡	1	小型	—
27	2019.8.6	崩塌	清水镇张家庄村张马路（X008）K0+150m	40	小型	—
28	2019.10.13	崩塌	雁翅镇下马岭村杜国章家屋后斜坡	—	—	—
29	2020.2.14	崩塌	王平镇 109 国道 K49+800m	150	小型	10
30	2020.4.2	崩塌	斋堂镇向阳口村北	0.2	小型	—
31	2020.7.2	崩塌	妙峰山镇妙峰山路 X002 K12+790m	1	小型	—
32	2020.8.31	崩塌	王平镇南港村东	0.06	小型	—
33	2021.6.9	崩塌	斋堂镇斋柏路（县道X007）K1+300m~350m	0.2	小型	0.2
34	2021.07.01	崩塌	灵山路（县道X013）K6+800m	200	小型	—
35	2021.7.12	崩塌	百花山路（县道X009）K15+300m	200	小型	1
36	2021.7.15	崩塌	妙峰山镇 109 国道（G109）K40+800m	280	小型	1.6
37	2021.7.16	崩塌	清千路（X017）K12+400m	160	小型	16
38	2021.7.18	崩塌	妙峰山路（县道X002）K13+400m	10	小型	0.6
39	2021.7.19	崩塌	妙峰山镇 G109（京拉线）K39+650m	150	小型	0.8
40	2021.7.18	崩塌	雁翅镇南雁路（S219）K36+100m	120	小型	0.5
41	2021.7.20	崩塌	潭柘寺镇 G234（兴阳线）K332+600m	200	小型	2
42	2021.7.22	崩塌	妙峰山镇妙峰山路（X002）K12+500m	150	小型	1
43	2021.7.22	崩塌	109 国道（G109）K53+000m	270	小型	15
44	2021.9.7	崩塌	妙峰山镇下安路（X010）K7+280m	40	小型	1
45	2021.9.7	崩塌	斋堂镇 G109（京拉线）K95+50m	100	小型	1
46	2021.9.9	崩塌	大台街道清千路（X017）K14+800m	150	小型	4

2.2　滑坡灾害史

门头沟地区具有一定规模的天然滑坡较少，已发生的滑坡多是采矿工程活动诱发的。门头沟共发生滑坡灾害4次，分别是戒台寺滑坡、赵家台滑坡、定都阁景区公路和黑江路滑坡。戒台寺滑坡系采空塌陷造成顺倾坡体松弛而蠕动乃至滑动，造成 G108 国道、戒台寺院落及秋坡村建筑物开裂，秋坡村已于2004年整村搬迁。赵家台滑坡受地下采空影响，诱发古滑坡重新滑动，致使民房开裂、耕地出现裂缝，危害极大，该村已于2004年整村搬迁。定都阁景区公路是近年发生的滑坡，由修路切坡造成，坡体已发生滑动，下滑距离约2m，拉张裂缝宽约1m，填充碎石土，对景区道路造成威胁；黑江路滑坡为2017年发生的滑坡，地表水下渗侵蚀回填土，造成路基产生沉陷，同时，道路填方增加了坡体荷载，影响了坡体稳定性，导致道路发生开裂下沉，道路东南侧坡体也发生了开裂，产生多条平行于道路的裂缝。详见表2.2。

表 2.2　主要滑坡地质灾害灾情统计表

发生时间	发生地点	灾害类型	灾情
2004 年	永定镇秋坡村	滑坡	房屋开裂，整村搬迁。戒台寺古建筑和 G108 国道出现开裂、下沉现象
2004 年	潭柘寺镇赵家台村	滑坡	房屋严重受损，整村搬迁

2.3　泥石流灾害史

门头沟地区近现代泥石流较活跃，灾害严重。据有记载的统计，门头沟地区共发生过13次泥石流，存在近百条泥石流沟。在清朝时期（1616～1911年）发生过3次，民国时期（1912～1949年）发生过6次，新中国成立后（1949年至今）发生过4次，其中以1888年和1950年的两次泥石流灾害最严重。光绪十四年（1888年）大雨连绵，北京山区多处发生洪水及泥石流灾害，涉及门头沟区下苇甸、千军台、白道子、东王平、赵家台及房山区的大石河河北村等49个村，灾情十分严重。1950年，斋堂—清水一带普降大到暴雨，清水河流域内发生大小山体滑塌及泥石流124处，沿岸107个村庄3945户遭到不同程度山洪泥石流灾害，达摩庄、田寺、东北山、西北山、黄岭西等村受灾严重，死亡84人、重伤24人。详见表2.3。

表 2.3　主要泥石流地质灾害灾情统计表

发生时间	发生地点	灾害类型	灾情
1888 年	下苇店、安家庄、千军台、白道子、东王平、赵家台	泥石流	共造成 1800 余人死亡，49 个村庄被毁
1892 年	清水河西沟杜家庄	泥石流	未见详细记载
1900 年	永定河雁翅	泥石流	未见详细记载
1917 年	永定河漱河（九河沟）杨家庄	泥石流	未见详细记载
1929 年	清水涧、王平村、韭园村、樱桃沟等	泥石流	未见详细记载
1934 年	清水河流域	泥石流	未见详细记载
1935 年	清水河流域	泥石流	未见详细记载
1939 年	太子墓	泥石流	未见详细记载
1946 年	清水河流域及沿河城等地	泥石流	未见详细记载
1950 年 8 月	清水河流域达摩庄、田寺、灵岳寺、东北山等	泥石流	毁房 829 间，毁耕地 1.15 万亩①，毁树木 8.77 万棵，死亡 84 人，重伤 24 人
1955 年	清水乡黄安村南港沟	泥石流	死亡 1 人，毁房 5 间

①1 亩≈666.667m²。

2.4　塌陷灾害史

　　门头沟区采煤历史悠久，已查明的开采窑、停采窑及老私营小煤窑达 2000 余座。因采矿引发的地面塌陷危害较大，主要是对居民点、工矿企业、交通设施、水力和电力设施、果树林木和耕地等造成破坏。据不完全统计，地面塌陷破坏门—木线铁路 7 处、乡级公路 14 处、水渠 4 处、管线 3 处、电力设施 5 处；毁坏果树林木数千棵、耕地 1600 余亩、房屋 1500 余间，死亡 2 人；此外还造成多处村庄整村搬迁。地面塌陷灾害主要集中在以煤矿开采为主的地区，如门城镇地区、清水镇、斋堂镇、大台街道和王平地区，由于老窑采空的存在，导致房屋开裂变形，已严重影响了城镇规划建设发展。还有军庄镇郝家房村、斋堂镇上蔡家岭村、永定镇秋坡村、潭柘寺镇赵家台村及王平镇北岭地区的一些村庄，均因地面塌陷整村搬迁。图 2.7 为秋坡村受地面塌陷影响导致房屋开裂，图 2.8 为 2012 年"7·21"后大台街道灰地社区出现的塌陷坑，图 2.9 为 2016 年双石头村出现的塌陷坑，造成部分挡墙倒塌，落入坑内，图 2.10 为 2016 年马兰村斋马路出现的塌陷坑。门头沟区主要地面塌陷地质灾害灾情统计见表 2.4。

图 2.7　秋坡民房开裂

图 2.8　灰地社区塌陷坑

图 2.9　双石头村地面塌陷坑

图 2.10　斋马路 K4+220m 地面塌陷坑

表 2.4　主要地面塌陷地质灾害灾情统计表

发生时间	发生地点	灾害类型	灾情
1980 年	军庄镇灰峪村	地面塌陷	房屋开裂，涉及 80 余户、400 余间房、80 余亩耕地
1986 年	河滩门头沟齿轮厂宿舍	地面塌陷	毁房 3 间
1989 年	门城镇城子西坡小学	地面塌陷	教室受损，于 1992 年搬迁，附近民房拆建
1990 年	斋堂镇上蔡家岭村	地面塌陷	数百间房屋开裂倾斜，村民被迫异地搬迁

3 门头沟区地质灾害基本特征及分布规律

3.1 地质灾害隐患基本特征

门头沟区主要的突发地质灾害隐患类型有崩塌、滑坡、泥石流、地面塌陷和不稳定斜坡。崩塌灾害主要分布在门头沟区的永定河流域安家庄—雁翅两侧、清水河北侧的灵山—东西龙门涧。崩塌灾害多发生于降雨过程之中或稍微滞后，常造成山区公路毁坏、交通受阻。另外，山区一些偏僻的地方，农民房屋依山而建，有时发生岩石崩落造成灾害。滑坡主要分布在定都阁公路、戒台寺、赵家台、青白口、黑江路等地。受地形、地貌、地质构造、降雨及人为等因素的影响，泥石流多发育在门头沟区的清水、斋堂、军响、雁翅、大台、王平及军庄等镇。由于采矿活动的影响，各类塌陷在整个工作区都有广泛分布，但各乡、镇、国有煤矿的分布发育都不均衡。从各地区塌陷单体总量分布上看，国营矿山大台矿区以及木城涧矿区塌陷最为严重，乡镇以斋堂镇、清水镇、军响乡和潭柘寺镇等最为严重。经调查统计，截至 2021 年，门头沟区各类地质灾害隐患共计 722 个，其中崩塌 527 个，不稳定斜坡 90 个，滑坡 5 个，泥石流 50 个，地面塌陷 50 个。威胁居民点的地灾隐患点 193 个，涉及 11 个乡镇 96 个行政村。威胁道路的地灾隐患点 389 个，威胁景区的地灾隐患点 29 个，威胁中小学的地灾隐患点 2 个，威胁其他的地灾隐患点 109 个。门头沟区地质灾害隐患点统计表见表 3.1。

表 3.1 门头沟区地质灾害隐患点统计表

乡镇名称	隐患点数	受威胁对象类型						隐患点灾害类型				
		居民点	道路	景区	矿山及水库	中小学	其他	崩塌	滑坡	泥石流	不稳定斜坡	地面塌陷
城子街道	3	0	0	0	0	0	3	1	0	0	1	2
大台街道	63	17	28	0	0	1	17	50	0	2	5	6
大峪街道	2	0	1	0	0	1	0	1	0	0	0	1
东辛房街道	12	1	0	0	0	0	11	1	0	0	4	7
军庄镇	12	2	4	0	0	0	6	6	0	2	3	1
龙泉镇	31	4	10	0	0	0	17	16	0	1	11	2

乡镇名称	隐患点数	受威胁对象类型						隐患点灾害类型				
		居民点	道路	景区	矿山及水库	中小学	其他	崩塌	滑坡	泥石流	不稳定斜坡	地面塌陷
妙峰山镇	55	17	37	0	0	0	1	51	0	1	3	0
清水镇	123	29	84	3	0	0	7	97	0	15	9	2
潭柘寺镇	67	5	41	11	0	0	10	55	2	3	4	3
王平镇	77	22	38	8	0	0	9	46	0	2	17	12
雁翅镇	131	51	76	3	0	0	1	101	1	7	22	0
永定镇	13	2	5	1	0	0	5	7	2	1	2	1
斋堂镇	133	43	65	3	0	0	22	95	0	16	9	13
总计	722	193	389	29	0	2	109	527	5	50	90	50

3.1.1 崩塌灾害隐患特征

崩塌灾害隐患是门头沟区最常见的一种不良地质现象，全区均有分布。截至 2021 年，门头沟区共有 527 个崩塌隐患点，分布较广泛，主要威胁道路和居民点。崩塌一般都发育在地形坡度大于 50°、高度大于 30m 的高陡边坡上，以垂直运动为主，坡体多为岩石坚硬、性脆、构造节理发育的基岩坡体（郭英和张国华，2022）。

3.1.1.1 崩塌隐患所在斜坡特征

崩塌隐患所在斜坡类型以人工岩质坡体为主，占总数的 57.9%，其次为自然岩质坡体，占总数的 33.2%，人工土质和自然土质坡体仅占 8.9%，见表 3.2。

表 3.2　崩塌隐患坡体岩性统计表

岩性	人工土质	人工岩质	自然土质	自然岩质	总计
数量	30	305	17	175	527
比例	5.7%	57.9%	3.2%	33.2%	100%

斜坡结构类型以斜向坡为主，占 40.6%，特殊结构斜坡、反向坡和顺向斜坡数量相近，各占 16% 左右，横向斜坡和平缓层状斜坡数量较少，仅占 9.7%，见表 3.3。

表3.3　崩塌隐患斜坡结构类型统计表

结构类型	斜向坡	反向斜坡	横向斜坡	平缓层状斜坡	顺向斜坡	特殊结构斜坡	总计
数量	214	89	21	30	85	88	527
比例	40.6%	16.9%	4.0%	5.7%	16.1%	16.7%	100%

从崩塌隐患点所处的微地貌类型来看,85.2%的隐患点坡度大于60°,属于陡崖,14.6%的隐患点坡度在25°~60°之间,属于陡坡,见表3.4。

表3.4　崩塌隐患坡体微地貌统计表

微地貌类型	陡崖	陡坡	缓坡	平台	总计
坡度	>60°	25°~60°	8°~25°	≤8°	
数量	449	77	1	0	527
比例	85.2%	14.6%	0.2%	0	100%

从崩塌隐患点的坡高来看,坡高大于50m的隐患点仅占10.2%,坡高小于10m的隐患点占27.1%,坡高在10~20m之间的隐患点占32.1%,坡高在20~50m之间的隐患点占30.6%,见表3.5。

表3.5　崩塌隐患坡体坡高统计表

坡高/m	≤10	10~20	20~50	50~100	>100	总计
数量	143	169	161	47	7	527
比例	27.1%	32.1%	30.6%	8.9%	1.3%	100%

从崩塌隐患点的坡宽来看,以坡宽小于100m为主,占总数的61.3%,坡宽在100~500m之间的占33.4%,坡宽在500~1000m之间的占4.9%,坡宽大于1000m的仅占0.4%。威胁居民点的崩塌隐患点大部分坡宽都小于100m,仅有7个坡宽大于100m。威胁道路的崩塌隐患点多为山区人工削坡造成,局部岩性条件相同,因此崩塌隐患点多为连续路段,坡宽较大,短则数百米,长则可达1km以上,见表3.6。

表3.6　崩塌隐患坡体坡宽统计表

坡宽/m	≤100	100~500	500~1000	>1000	总计
数量	323	176	26	2	527
比例	61.3%	33.4%	4.9%	0.4%	100%

3.1.1.2 按机理类型或破坏形式分类

《滑坡崩塌泥石流灾害调查规范1：50000》将崩塌形成机理分为倾倒式崩塌、滑移式崩塌、鼓胀式崩塌、拉裂式崩塌和错断式崩塌。据调查统计，门头沟区的崩塌类型有4种，以倾倒式和滑移式为主，分别占到总数的51.4%和42.9%，拉裂式和错断式数量较少，仅占总数的5.7%，见表3.7。

表3.7 崩塌按机理分类特征简表

类型	数量/处	比例	简要特征
倾倒式	271	51.4%	主要发育在峡谷、直立岸坡或悬崖处，岩层产状直立或高角度反倾，控制面多为垂直节理反倾直立层面
滑移式	226	42.9%	受剪切力作用，岩层沿倾向临空面发生滑移，坡度多大于55°
拉裂式	16	3%	受拉张作用，发育风化裂隙和重力拉张裂隙，岩层（多为软硬相见）发生拉裂，发生在上部突出的悬崖地形
错断式	14	2.7%	主要发育在坚硬及半坚硬岩分布区，岩体中等风化，节理发育，裂隙面贯通性好，控制面为节理面

1. 倾倒式崩塌

倾倒式崩塌一般发生在半坚硬—坚硬岩分布区，主要发育在河谷、悬崖处，岩层产状直立或反倾，控制面多为垂直节理、反倾结构面或直立层面。调查区内倾倒式崩塌隐患点较多，多分布在景区和公路沿线。图3.1为付珠路崩塌隐患点，图3.2为灵山路崩塌隐患点，坡高约15~30m，坡角近90°，岩体竖向裂隙发育，缝宽5~30cm，贯穿裂缝切割危岩与母岩，存在倾倒破坏隐患。

图3.1 付珠路崩塌隐患点

图 3.2　灵山路崩塌隐患点

图 3.3 和图 3.4 是 X013 灵山公路 K07 段崩塌隐患点，该隐患路段长约700m，坡高 30～60m，坡角 50°～80°，坡向 120°，坡体为二长闪长岩，产状275°∠77°，岩体中风化，结构面发育，结构面产状 325°∠75°和 135°∠18°，结构面间距 0.5～1m，长 3～10m。一组结构面与坡向一致，切割岩体，存在倾倒破坏的危险。

图 3.3　X013 K07+990m 崩塌隐患点

此类崩塌具有如下特点。

（1）发生崩塌的地段坡度多在 50°以上，位于因河流深切形成的峡谷区或者陡坡地带。

（2）一般发生在坚硬—半坚硬岩分布地段，岩体多呈层状—块状结构，节理裂隙发育。

图 3.4　X013 K07+720m 崩塌隐患点落石

（3）崩塌控制面为节理面和岩层层面，倾向与斜坡临空面一致，倾角较大，斜坡表面的岩体因受到倾覆力矩的作用沿裂隙面倾倒，形成崩塌。

（4）倾倒式崩塌规模体积变化较大，方量小的在数十到数百立方米，大的有上万方，甚至几十万方。诱发因素多为暴雨、风化和人工震动等。

2. 滑移式崩塌

多发生在软硬相间的岩层内，岩体结构面发育，有倾向临空面的结构面，地形坡度往往大于55°，受自重作用沿坡面向下滑移。图3.5和图3.6为三家店村北崩塌隐患点，该点岩性为侏罗系九龙山组灰绿色凝灰质砂岩，坡面基岩裸露，垂直节理发育，坡向315°，岩层产状285°∠15°，节理产状320°∠80°，240°∠85°。坡体岩石呈碎裂状，坡面碎石松动，沿主要结构面向下滑移，在坡面和坡脚处散落堆积，局部坡脚处的挡墙遭到损坏（李晓玮，2020）。

图3.5　三家店村北崩塌隐患点（一）

图 3.6 三家店村北崩塌隐患点（二）

3. 拉裂式崩塌

多见于软硬相间或较坚硬的岩层内，主要结构控制面为风化裂隙和重力拉张裂隙，地形上常在上部形成突出的悬崖，在重力作用下拉裂形成。图 3.7 和图 3.8 为雁翅镇山神庙村崩塌隐患点，该点位于山神庙村东侧，高芹路东，为一陡立边坡，坡向 260°，岩性为青白口系龙山组砂岩，坡顶有一道长 4m 的裂缝切割岩体，形成危岩，危岩块度为 3m×2m×2m，威胁下方居民点和道路。

图 3.7 山神庙村东崩塌隐患点（一）

4. 错断式崩塌

错断式崩塌发生在半坚硬—坚硬岩分布区，一般地形陡峻，岩体中发育竖向节理裂隙，一般无顺坡向的节理裂隙，裂隙切割的部分在重力作用下沿裂隙面剪断、下错，并在下错后分解成碎块石撒落堆积于坡脚。

图 3.8　山神庙村东崩塌隐患点（二）

此类崩塌具有如下特点。

（1）发生崩塌的地段坡度在 55°以上，大多位于因剥蚀作用形成的陡崖或人工开挖切坡地段。

（2）岩体多呈层状—块裂结构，垂直裂隙发育，裂隙呈张性，延展性好，部分有泥质充填，对崩塌的形成起到控制作用。

（3）岩体内通常无倾向临空面的结构面，不稳定块体一般沿控制面整体下错，并在下错过程中解体。错断式崩塌体规模较小，方量多在数十立方米，大多数因暴雨和人工切坡而诱发。

3.1.1.3　按规模等级分类

门头沟区内的崩塌规模大小不等，隐患方量一般几十方到上百方，大者可达上万方。从崩塌隐患方量规模来看，方量在 $100 \sim 1000\text{m}^3$ 之间的隐患点居多，占到总数的 52.4%，其次为方量在 $1000 \sim 5000\text{m}^3$ 的隐患点，占总数的 23.7%，方量小于 100m^3 的隐患点占 17.3%。从规模等级来看，崩塌隐患以小型为主，占98.1%，仅有 10 个崩塌隐患点方量超过 10^4m^3，属于中型，见表 3.8。

3.1.2　滑坡灾害隐患特征

门头沟地区具有一定规模的天然滑坡较少，目前具有一定危害的滑坡多是修路及采矿工程活动诱发的。截至 2021 年，门头沟区滑坡共计 5 个，即定都阁景区公路滑坡灾害隐患、赵家台村滑坡灾害隐患、永定镇戒台寺滑坡隐患、黑江路滑坡隐患和青白口村西滑坡隐患。从滑坡年代上看，赵家台滑坡属于古滑坡，定都阁公路滑坡、戒台寺滑坡、黑江路滑坡和青白口村西滑坡属于现代滑坡。从滑坡类型上看，五处滑坡均属于牵引式滑坡。从坡体岩性上看，地层岩性为石炭系—二叠系石盒子组和山西组砂岩、页岩，定都阁景区公路滑坡、赵家台村滑坡、永定镇戒台寺滑坡、黑江路滑坡属于岩质滑坡，青白口村西滑坡属于土质滑坡。从规模上看，赵家台村滑坡和定都阁滑坡、黑江路滑坡、青白口村西滑坡属于小型，戒台寺滑坡属于大型滑坡（王海芝，2009）。

表3.8　崩塌隐患按规模等级统计表

规模等级	规模方量/m³	数量	比例/%
小型	<100	91	17.3
	100 ~ 1000	276	52.4
	1000 ~ 5000	125	23.7
	5000 ~ 10000	25	4.7
中型	$1\times10^4 ~ 10\times10^4$	10	1.9
合计		527	100

3.1.2.1　定都阁景区公路滑坡特征

该处滑坡灾害点位于定都阁景区公路上，由修路切坡造成，见图3.9。坡长约40m，坡高15m，坡向100°，岩性为二叠系石盒子组灰绿色砂岩，局部与页岩互层，产状305°∠36°。岩体节理裂隙发育，J1：125°∠60°，长5m，间距0.2m；J2：20°∠80°，长0.5m，间距0.2m；J3：80°∠15°，长1m，间距0.3m。坡体已发生滑动，下滑距离约2m，拉张裂缝宽约1m，走向215°，填充碎石土。滑体宽30m，斜长20m，坡角50°，厚约3m。滑体方量约为1800m³，最大块石为2m×2m×3m，一般块石直径约0.5m。该滑坡目前处于不稳定状态，对定都阁景区的过往车辆和游人构成威胁。

图3.9　定都阁景区公路滑坡

3.1.2.2　赵家台滑坡特征

赵家台古滑坡体呈长圆状，长 1200m，宽 450m，面积 0.54km²。滑坡体岩性为红庙岭组砂岩、砂砾岩夹页岩。滑体呈阶梯状，形成 3~4 级平台，均向内倾斜，倾角 3°~5°，显示出滑坡体特有的反向斜坡特征。滑体后壁明显，倾角较陡，约在 60°~80°之间，落差 40~50m。赵家台村即坐落在此滑坡体的第二、三级平台上。目前，在村中心路旁基岩上见有新产生的细小裂隙，村北、西部多处房屋出现裂缝，村东梯形阶地上出现多条裂缝，发育呈现一定规律，即走向 40°~110°，最宽达 40cm，出露长 20m，深度大于 2m。

上述现象表明，赵家台古滑坡体存在局部复活的可能性，仍处于不稳定状态。赵家台村民基本上已全部搬迁，目前没有固定的威胁对象，仅有 10~20 名护林员留守。灾害的险情等级为"小级"。

3.1.2.3　戒台寺滑坡特征

戒台寺滑坡群位于门头沟区戒台寺风景区内，滑坡发育处地貌为向北的斜坡，东西两侧为自然冲沟及洼地，滑体所在斜坡与后部东西向的山体呈圈椅状接触，侧视山梁上陡下缓，滑体地下开采煤矿和青灰，形成采空区，加上水的浸润等因素引发山体滑坡，见图 3.10。滑坡后缘横跨寺院，戒台寺一多半面积位于滑坡体上，滑坡体最前缘海拔 170m，后缘海拔 400m，高差 230m。前缘至后缘水平距离 1630m，滑体约 900×10⁴m³。该滑坡群存在近南北向分布的 5 个滑坡体，南部滑坡体称为画家院子滑坡体，北部滑坡体称为秋坡滑坡体。

组成戒台寺斜坡及其周围的主要地层有石炭系（C）、二叠系（P）及第四系（Q）地层。滑坡体主要由上石炭统（C₃）岩层组成，上部为灰色、深灰色细砂岩、粉砂岩及页岩，夹 2~3 层黏土矿和煤层或煤线，下部为灰色、浅灰色含砾粗石英砂岩，风化层厚，呈褐黄色。滑动带为褐黄色砂岩底下的一层黏土矿，饱水软弱，砂岩含水，黏土矿形成相对隔水层。滑床以下为中石炭统（C₂）砂岩，黑色，含黄铁矿及石英较多，致密坚硬。

滑坡区地质构造发育，马鞍山为东西向背斜，戒台寺位于马鞍山背斜之北翼，岩层倾向北，与山体自然斜坡倾向一致。东西向构造共有 9 条，南北向构造有 3 条，故将山梁切割得支离破碎。

戒台寺滑坡按地貌形态从上而下可划分为四级台地：戒台寺位于第一级台地上；画家院子位于第二级台地上；G108 国道基本处在第三级缓坡台地上；G108 国道以北 100m 处的大平台则为第四级台地。滑坡自上而下出现了 8 道横切山梁贯通的变形带，G108 国道以北至第四级台地间的裂缝变形以塌陷为主；进寺路

图 3.10　戒台寺滑坡全貌

口至戒台寺院间的变形带有的呈塌陷性质，有的呈牵引拉张性质。该滑坡具有多条、多级和多层滑带特征，故戒台寺滑坡是地质构造发育、地层岩性软弱和人类活动破坏共同作用下形成的大型破碎岩石滑坡群。

　　该滑坡目前仍不稳定，对戒台寺景区及 G108 国道的过往车辆及游人构成威胁。

3.1.2.4　黑江路滑坡特征

　　滑坡所在位置为长安壹号小区西北侧，坡宽约 130m，坡高约 30m，坡向140°，坡体主要为碎石土。滑坡后缘为黑江路西北侧路边，根据公路边缘土体的沉降以及损坏的垂直穿越公路的管涵破坏的情况判断图 3.11，滑坡后缘处水平位移约 1m，垂直位移约 0.5m，后缘裂缝走向与公路走向一致。坡体存在多道裂缝（图 3.12），最大裂缝长 30m，宽 40cm，可见深约 5m。上部坡体为自然坡体，植被茂盛，坡度约 25°，下部坡体为人工削坡形成的人工边坡，坡高约 12m，人工削坡后坡度约 70°，坡体松散，坡面裸露，见流水形成的小冲沟。根据滑坡边缘断面，路面厚约 0.4m，下方的路基为紫红色含黏土砂砾石，工程性能不良，受雨水浸泡造成路基软化。距该滑坡西南方向 20m 处，公路上方地形造成此处汇水，且沿公路外侧约 40m 长无排水沟，雨水在此易渗入路基，此处也存在滑坡隐患（李远强等，2015）。

图 3.11　黑江路滑坡

图 3.12　坡体开裂情况

3.1.2.5 青白口村西滑坡特征

该滑坡隐患所在边坡为碎石土边坡，见图3.13，坡宽30m，坡高25m，坡向205°，上部碎石土裸露部分坡度70°，下部边坡坡度约30°。坡体碎石土胶结程度一般，碎石含量约80%，最大块石长40cm，宽30cm，高20cm。坡顶局部基岩出露，岩性为侏罗系南大岭组二段的角砾岩。坡脚处修建有浆砌石挡墙，挡墙高约5m，顶宽50cm，挡墙距房屋2m。坡体受雨水冲刷，可能发生滑塌，威胁坡下村委会修建的生产生活用房。

滑坡隐患

图3.13 青白口村西滑坡隐患

3.1.3 泥石流灾害隐患特征

门头沟区泥石流较发育，区内泥石流均属于由暴雨激发形成的泥石流，因此从水源类型上看，属于暴雨型泥石流。

截至2021年，门头沟区存在泥石流隐患50处（包括1处坡面泥石流），其中8个曾经发生过泥石流灾害，主要集中在清水镇、斋堂镇和雁翅镇。本次以斋堂柏峪村泥石流隐患点为例分析泥石流隐患点流域特征，说明本次工作所采用的方法，并以此为鉴客观评价门头沟区所有泥石流隐患流域特征，在单沟分析评价的基础上，从泥石流物源特征、流域面积、主沟长度、相对高差、河沟纵坡、坡度、降雨量、基岩等因素以及泥石流分布与降雨、人类活动关系分析门头沟区泥石流隐患流域特征，为门头沟区泥石流隐患识别与风险防治提供支持。

3.1.3.1　泥石流隐患物源类型

门头沟区内出露的地层较多较完善，岩石种类多样，多伴有节理裂隙，由于燕山运动等构造活动，形成了大量的褶皱及断裂。因此，受到风化侵蚀作用的基岩遭到强烈的剥蚀，极易破碎，破碎后形成了较厚的残坡积层，暴雨时节，陡坡处容易形成滑塌，同时产生土壤侵蚀，碎屑物逐渐向沟内聚集，大都堆积在沟道内侧或坡脚下方。一些较坚硬的岩石，抗风化能力强且脆性大，沿节理裂隙常出现不稳定岩块，形成崩塌，大量松散崩塌体残存于坡脚或沟内，形成第四系崩滑塌物源。与此同时，泥石流沟道的两侧、沟床地带也堆积着大量的第四系松散堆积物，普遍的特点是结构松散，容易受到河流、降水等作用的冲刷、搬运和侵蚀等。因此，这些基岩崩塌体、坡面碎屑物和沟内沉积物构成了泥石流的物源（胡旭东等，2022）。

此外，人类活动对冲洪积物及残坡积物的改造形式主要是开荒种地，形成了大量坝阶地，近年来逐步荒废，坝阶地无人管理，逐步出现破坏现象，也会形成一定的松散物源。开矿筑路等人类工程活动造成煤矸石和弃石多沿沟或顺坡堆积，形成第四系人工堆积物源。如清水镇西达摩沟矿渣堆积、潭柘寺镇草甸水西沟施工石料堆积。一些煤矸石全部堵塞在沟道，形成人工"石坝"，而另一些煤矸石则沿坡自然堆积形成大量煤矸石山。这些堆石稳定性极差，一旦坡脚被冲蚀或上方受到强大的水体或重力冲击，则会溃散加入洪流，参与到泥石流活动中。

根据野外调查成果，门头沟区由于采矿活动，个别沟域松散物储量较大，本书结合现场情况及治理工程实施后的治理效果等方面综合判断泥石流沟域内的松散物静储量。除石羊沟外，门头沟泥石流中物源储量最大的为岢罗坨泥石流隐患点，物源储量$55 \times 10^4 \mathrm{m}^3$，主要是因为秋坡村正在实施工程活动，后续工程完工后，松散物基本可全部消纳。

门头沟区物源类型则以冲洪积物源为主，均沿沟道分布，少数以残坡积或人工堆积物源为主，崩滑塌物源分布较少，起动模式为沟道再搬运。物源储量规模统计见表3.9和图3.14（齐干和张长敏，2021）。

表3.9　泥石流隐患按物源规模等级统计表

规模等级	规模方量/($10^4 \mathrm{m}^3$)	数量	比例/%
小型	<2	12	24
中型	2~20	28	56
大型	20~50	9	18

规模等级	规模方量/($10^4 m^3$)	数量	比例/%
特大型	≥50	1	2
合计		50	100

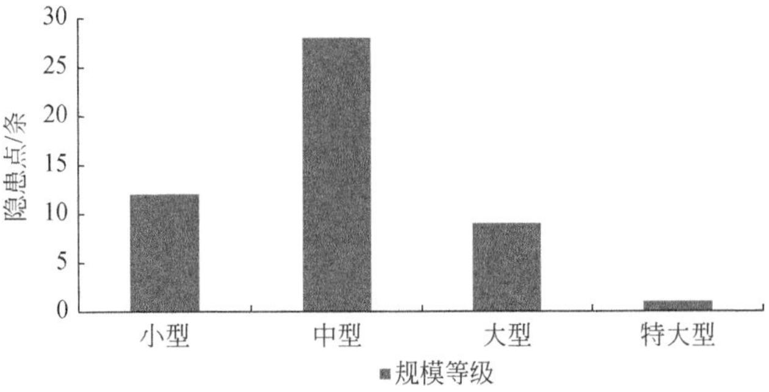

图 3.14　泥石流沟物源规模统计特征图

3.1.3.2　流域面积及主沟长度

泥石流集中在中、小沟谷。区内泥石流多集中分布在末级和二级沟系或河谷上游的狭谷段，流域面积偏小，主沟长度偏短。由表 3.10 可知，门头沟区泥石流隐患点流域面积<$0.2km^2$ 的沟道有 7 条，5～$10km^2$ 的有 6 条，2～$5km^2$ 的有 11 条，大于 $10km^2$ 的沟道有 3 条，其余均为 0.2～$2km^2$，有 23 条，占总数的 46%（图 3.15 和图 3.16）。

表 3.10　泥石流隐患流域面积与主沟曲线特征统计表

流域面积/km^2	隐患数量/条	主沟曲线长/km	隐患数量/条
<0.2	7	<0.5	3
0.2～2	23	0.5～1	8
2～5	11	1～2	14
5～10	6	2～3	10
10～100	3	>3	15

3.1.3.3　流域相对高差及纵坡

门头沟区地处华北平原向内蒙古高原过渡地带，地势西北高，东南低。海拔介于 73～2303m，属太行山脉与军都山脉的交汇部位。境内的 98.5% 为山地，平

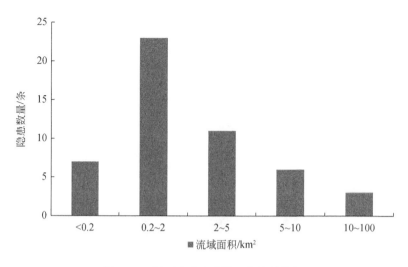

图 3.15　泥石流隐患流域面积统计特征

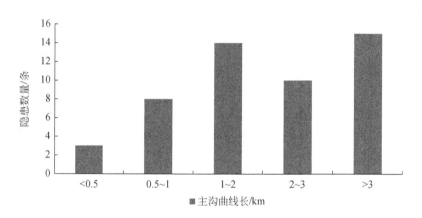

图 3.16　泥石流隐患主沟曲线长度统计特征

原面积仅占 1.5%。西部山地是北京西山的核心部分，山体高大，海拔 1500m 左右的山峰 160 余座。西北部的灵山海拔 2303m，有"京都第一峰"之称，另有百花山、髻髻山、妙峰山等山峰。东部山地处于北京西山边缘，山体较小，山势渐缓。门头沟区泥石流流域相对高差>800m 的有 11 条，300~800m 的有 28 条，其余为相对高差<300m 的部分。主沟纵坡 105~300 的有 34 条，>300 的有 9 条，合计占比 86%。泥石流隐患主沟纵坡和相对高差特征统计表见表 3.11、图 3.17和图 3.18。

表 3.11 泥石流隐患主沟纵坡和相对高差特征统计表

主沟纵坡/‰	隐患数量/条	相对高差/m	隐患数量/条
>300	9	>800	11
105~300	34	300~800	28
52~105	6	300~100	9
<52	1	<100	2

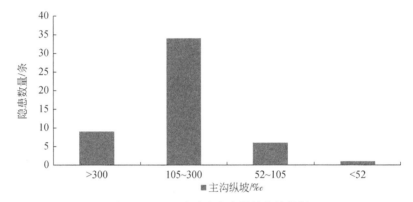

图 3.17 泥石流隐患主沟纵坡统计特征

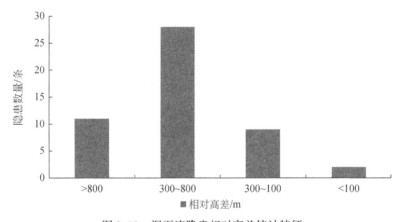

图 3.18 泥石流隐患相对高差统计特征

3.1.3.4 地层岩性与泥石流分布

太古宇至新生界大多数地层在门头沟区均有分布,地质灾害分布与其所在的地层岩性密切相关。

区内地层出露较全,岩石类型多样,又发育着复杂的褶皱和断裂构造,岩石节理裂隙发育,山体基岩风化剥蚀强烈。在火山碎屑岩、粉砂岩、灰岩地区,岩石风化破碎后形成较厚的残坡积层，暴雨时节，陡坡处易形成滑塌。此外，一些较坚硬的岩石，抗风化能力强但脆性大，沿节理裂隙常出现不稳定岩块，也容易形成崩塌等。

这些崩塌、滑塌体有时可直接触发形成泥石流，有时则残存于坡脚或沟内，由于岩石表层长期风化剥蚀、垮落、冲刷，大量的松散固体物质堆积于沟坡。其中部分沟谷残留着老泥石流体，呈散状或垅状堆积。许多沟谷已被人为改造成为坝阶地。沟道松散物的动储量一般在 $1 \times 10^4 \sim 5 \times 10^4 \, \text{m}^3$，物质丰富，是泥石流的主要固体物构成。上述坡面残坡积物和沟道松散堆积物等均由破碎基岩产生，它们是泥石流物质来源，因此，地层岩性是泥石流形成的基本因素之一。

泥石流隐患在各个年代地层岩性均有分布，但差异性较大。其集中发育于中生界、古生界、元古宇，与全区地层时空分布具有一致性，其中中新元古代沉积作用形成的岩性组合为长石石英砂岩、砂岩、页岩、砾岩等，中生代火山作用形成的花岗岩、闪长岩、凝灰岩和角砾岩以及燕山期酸性、中酸性及中性岩类，上述岩石坚硬性脆、节理裂隙发育，在外力作用下极易发生风化垮塌现象，易形成崩塌体从而为泥石流提供丰富的物源。这些地层在泥石流隐患沟中出现的数量也较多。

3.1.3.5 泥石流分布与降雨关系

降雨是泥石流暴发的激发因素。本地区受气候条件及岩石类型的限制，基岩主要是物理风化，且风化速度相对缓慢，不良地质现象以坡面坍滑和岩石崩塌为主。沟谷地形等地貌要素变化极为缓慢，因此，地质地貌是泥石流暴发的相对稳定因素，而降雨则是十分活跃的因素。激发泥石流的日降雨量在 100mm 以上，属大暴雨型泥石流。泥石流暴发的时间、地点、范围及规模完全取决于暴雨出现的时间、笼罩范围及总体强度。因此降雨是泥石流形成的激发因素，降雨激发泥石流又是前期雨量和短历时高雨强共同作用的结果（王毅等，2018）。

（1）高度集中的降雨常引起山洪泥石流灾害。泥石流时空分布规律已表明，泥石流与暴雨特别是大暴雨出现的时空强密切相关。本地区年平均雨量并不太高，且由南东向北西逐渐减少，并未形成一个常年的高降雨中心，这与北京北部山区存在着一个以枣树林为中心的常年高降水区不同。本区灾害性降雨主要是局部地区暴雨，引发山洪泥石流。

区内全年降水量的 80% 集中在夏季 6~8 三个月，而这三个月雨量又多集中在几场暴雨之中。一次暴雨量即可达 200~300mm，占多年平均年降雨量的 30%~50%。这种降雨不仅易造成地面大量径流，而且由于本区山区土薄坡陡，在短时间内无法容纳如此强大的降水，因而沿陡坡常发生坍滑和崩塌，这些崩、滑体冲入沟道，扰动并触发沟床物质活动，形成泥石流。

（2）泥石流的激发是前期雨量与短历时暴雨共同作用的结果。前期雨量影响着泥石流的孕育过程，其作用是使沟坡土体物质水饱和，减少物质颗粒之间及坡面土体与下伏岩层之间的摩擦力，造成岩土体处于临界失稳状态。而短历时强降雨则激活沟坡处于临界平衡状态的松散碎屑物。二者共同完成泥石流激发过程。根据近三十余年雨量分析总结（表3.12），本地区一般前三天雨量达到80mm，当天降雨150mm以上，一小时雨强再达40mm时，泥石流暴发的危险度极高（马秀梅等，2019）。

表3.12　清水河流域最高日雨量及前期雨量统计表　　（单位：mm）

年份	当天	前一天	前三天	前五天	前十天	前十五天	降雨结果
1950	190.1	73.8	84.5	85.8	90.7	126.3	暴发泥石流
1956	136.0	52.8	107.8	107.8	111.6	115.0	未发泥石流
1982	99.0	20.1	23.5	26.3	98.2	122.5	未发泥石流

3.1.3.6　泥石流分布与人类活动关系

区内绝大多数崩塌由人类工程活动造成，例如村民削坡建房、修建公路设施等。建房修路时进行切坡，多形成高陡边坡，岩体风化程度高，节理裂隙发育，岩体破碎严重，而且切坡时未作任何坡面防护工程，坡体处于不稳定状态。遇强降雨触发，引发崩塌灾害。

人类活动对泥石流发育的帮助主要体现在破坏植被良好的生长环境，过度采樵放牧与荒地开采导致沟床物源增加。过去几十年，山区的人们曾无限制地砍柴放牧，并在坡地上开荒，破坏了植被良好的生长环境，引起坡面土壤流失。失去植被保护的土层因地表水的强烈径流作用发生运移和流动，大量碎石土不断向沟床聚集，使沟床物质不断增加。土体流失量越大，沟床物质的积累就越快，有利于泥石流的发育。

另外京西门头沟地区自古以来采煤业比较发达，更是加剧了地质灾害的发展。长期的开矿活动，极大地改变了地应力结构，打破了原有的应力平衡状态，使得山体遭到破坏，山体结构处于松散状态，顶板岩层松动、下沉甚至塌落，进而使地表岩体沿卸荷裂隙面或其他软弱面开裂错动，形成地裂缝和塌陷坑。采煤过程产出的大量煤矸石和弃渣被倾入沟床、坡脚，修路、采石形成的弃土废渣也随意堆放，使沟内碎屑量剧增，特别是清水、斋堂两乡，煤窑数量多，弃渣量大，仅清水乡达摩沟就堆积各种弃渣石约20×10^4t。这些开采废渣成为泥石流的物源，对泥石流的形成起了极大的触发作用。近年来虽然采煤活动已经终止，但是原始遗留的弃渣仍然堆砌在沟道内，部分有防护工程，但仍有部分稳定性较差, 极易参与到泥石流活动中。

3.1.4 地面塌陷隐患特征

本区地面塌陷均由煤矿开采引起, 集中发育在清水、斋堂、军响、潭柘寺镇、王平、大台地区及国有煤矿地区, 呈北东方向展布, 与煤系地层的展布方向一致, 其中54%的塌陷形成了灾害。经调查, 门头沟区共有塌陷隐患50个, 主要集中在王平镇、斋堂镇、大台街道和东辛房街道, 受威胁对象以险村险户、学校和农田为主。

3.1.4.1 地面塌陷发育特征

地面塌陷在本区主要表现为变形破裂和移动盆地两大类型, 其中变形破裂又包括塌陷坑、地裂缝、山体滑塌、不均匀沉降等类型。

由同一采空区造成的地面塌陷组合常见有: 塌陷坑—地裂缝组合; 山体滑塌—地裂缝组合; 串珠状塌陷坑组合。

1. 变形破裂型

结合已有资料统计, 本区共有塌陷坑511个、地裂缝331条、山体滑塌23处、不均匀沉降19处, 见表3.13。

表3.13 门头沟区采矿塌陷类型统计表

行政管辖	乡镇/(矿)	塌陷类型			
		塌陷坑	地裂缝	山体滑塌	不均匀沉降
门头沟区	清水镇	60	48	9	1
	斋堂镇	169	81	7	4
	王平镇	30	25	2	4
	龙泉镇	5	13	—	—
	永定镇	2	5	1	—
	潭柘寺镇	11	41	4	—
小计		277	213	23	9
国有煤矿	杨坨矿	3	14	—	4
	门城矿	11	12	—	6
	王平村矿	22	4	—	—
	大台矿	198	88	—	—
小计		234	118	—	10
合计		511	331	23	19

塌陷坑在本区分布较广，是地面塌陷最主要的破坏形式。按形状可分为漏斗形、锅底形、井筒形、锥形和长沟形。地裂缝可分为直线状、曲折状、弧状和分叉状。本区漏斗形塌坑直径多在 20m 以下，最大可达 50m 以上；大部分的长沟形塌坑长轴直径在 200m 以下，最大达 500m 以上；超过半数的地裂缝长度在 50m 以下，最长近 800m；有 70% 的山体滑塌面积在 2000m² 以下；不均匀沉降一般也以小范围为主。各类塌陷特征见表 3.14。

表 3.14　门头沟区各类型塌陷特征简表

特征类型	塌陷特征	岩性特征
漏斗状	直径小的 1~2m，大的可达 30~50m，坑深浅的 1~2m，深的 10~25m。同时出现数个漏斗坑时呈线性方向展布	顶板岩性较软黏土岩、页岩等随塌坑一起下陷
长沟状	规模大，呈条带状，宽十几至几十米，长几十至几百米，深十几米。塌陷边缘有裂缝且向外侧逐渐扩展，仍有下陷扩大危险，建筑物、路面被破坏、下陷或掩埋。见图 3.19	当顶、底板岩性较软，且岩层产状较陡倾斜时，煤层顶底板塌落
地裂缝	沿煤层走向出现，塌陷裂缝宽约几十厘米至 1 米不等，长几十至几百米，深几米至几十米不等。见图 3.20	顶、底板岩性较硬，不随塌坑下陷，产状倾角陡
山体滑塌	塌陷规模大，表现为采空区上部山（岩）体发生断裂，使岩（山）体分离，而下部采空区空间大，顶板难以承受上部山（岩）体压力，致使山（岩）体下塌，下塌垂直距离 3 至 4m，塌体表面岩石破碎，塌区内有大小不等的坍坑及裂缝，造成地表山体严重破坏，产生大量碎石岩堆	煤层顶底板岩性较软，岩层倾角 20°~30°
不均匀沉降	平整地面呈凹凸起伏不平状，地表坡度加大，常以一定范围显现，塌陷面广，但塌陷深度小，可造成房屋、道、桥变形裂缝	煤层产状较缓，顶底板岩性较软而形成地表不均匀下降

图 3.19　东马各庄塌陷

图 3.20　韭园村塌陷

2. 移动盆地型

此类型是由较大规模地下开采（主要是国营矿山深部开采）形成的，这致使在采空区上方地表产生区域性沉陷。当采深和采厚的比值较大时，地表变形在时间和空间上是连续的、渐变的，变形有明显的规律性。反映变形的主要指标有下沉、倾斜、曲率、水平移动和水平变形，一般需要用仪器长期监测来确定发生变形的值的大小，而不像变形破裂型塌陷，在野外肉眼即可观察到地表明显的变形和破坏。

移动盆地型塌陷，地表一般虽无明显剧烈变形破裂损害，但这种缓慢渐变的变形对居民区和工矿企业、建筑物的破坏是较大的，造成烟囱及水塔的倾斜，道路、上下水管道坡度的改变及建筑物的裂缝。东辛房街道、大台街道和王平镇为地表移动盆地型与变形破裂型塌陷的综合破坏区，地下采空区居民房屋受损严重，影响村民生产生活。

大台街道西灰地片区的朝阳街变形明显，下沉量约 10cm，墙体多处开裂，裂缝最宽处约 10cm。街道内多处水泥楼梯受到破坏，表层水泥层破损露出红砖，侧墙开裂，多处房屋外墙存在贯通性裂缝，房屋门框处歪斜，墙体倾斜，见图 3.21 和图 3.22。该片区 45 户 76 人 218 间房屋受到威胁。

3.1.4.2　按规模等级分类

根据《县（市）地质灾害调查与区划基本要求实施细则》里对地面塌陷的分级标准，门头沟区 50 个地面塌陷隐患点中，只有 1 个属于中型，其他均属于小型，见表 3.15。

图 3.21　灰地社区房屋变形

图 3.22　灰地社区房屋开裂

表 3.15　地面塌陷按规模等级统计表

规模等级	变形面积/km²		数量	比例/%
小型	<0.1	0.001	36	72
		0.01	9	18
		0.1	4	8
	小计		49	98
中型	0.1 ~ 1		1	2
合计			50	100

3.1.5　不稳定斜坡隐患特征

不稳定斜坡也是调查区较为常见的一种灾害隐患类型，其形成的基本条件与崩塌隐患相似。本次共调查不稳定斜坡 90 个，主要分布在碎屑岩地区及地形切割强烈的斜坡地带，大部分为土质斜坡，风化层一般较薄，受大气降水、人为工程活动等影响，部分地段易出现滑塌及局部的变形等，对斜坡体上及周围的居民、道路设施等造成一定的危害。

3.1.5.1　不稳定斜坡坡体特征

不稳定斜坡坡体岩性以土质斜坡为主，共有 59 个，占总数的 65.6%。岩质斜坡共有 31 个，占总数的 34.5%，基本为碎屑岩斜坡，见表 3.16。

表 3.16　不稳定斜坡坡体岩性统计表

岩性	人工土质	人工岩质	自然土质	自然岩质	总计
数量	31	19	28	12	90
比例	34.5%	21.1%	31.1%	13.3%	100%

从不稳定斜坡所处的微地貌类型来看，7.8% 的隐患点坡度大于 60°，属于陡崖，77.8% 的隐患点坡度在 25°~60° 之间，属于陡坡，见表 3.17。

表 3.17　不稳定斜坡微地貌统计表

微地貌类型	陡崖	陡坡	缓坡	平台	总计
坡度	>60°	25°~60°	8°~25°	≤8°	
数量	7	70	12	1	90
比例	7.8%	77.8%	13.3%	1.1%	100%

从平均坡高来看，不稳定斜坡的坡高以小于 10m 为主，占到总数的 48.9%，坡高在 10~20m 之间的隐患点占 28.9%，坡高在 20~50m 之间的隐患点占 20%，坡高大于 50m 的隐患点仅占 2.2%，见表 3.18。

表 3.18　不稳定斜坡坡高统计表

坡高/m	≤10	10~20	20~50	50~100	总计
数量	44	26	18	2	90
比例	48.9%	28.9%	20%	2.2%	100%

从坡宽来看，不稳定斜坡的坡宽以小于 100m 为主，占总数的 79%，坡宽在 100～500m 之间的占 21%，见表 3.19。

表 3.19 不稳定斜坡隐患坡体坡宽统计表

坡宽/m	≤100	100～500	总计
数量	71	19	90
比例	79%	21%	100%

3.1.5.2 按规模等级分类

从隐患方量来看，不稳定斜坡的方量在 100～1000m³ 的隐患点居多，为 41 个，占到总数的 45.6%；其次为方量小于 100m³ 和在 1000～5000m³ 的隐患点，各有 21 个，分别占总数的 23.3%；方量在 5000～10000m³ 的隐患点有 5 个，占总数的 5.6%；方量大于 10000m³ 的隐患点仅有 2 个，占总数的 2.2%。从规模等级来看，崩塌隐患以小型为主，占 97.8%，中型仅占 2.2%。详见表 3.20。

表 3.20 不稳定斜坡按规模等级统计表

规模等级	规模方量/m³	数量	比例/%
小型	<100	21	23.3
	100～1000	41	45.6
	1000～5000	21	23.3
	5000～10000	5	5.6
中型	1×10^4～10×10^4	2	2.2
合计		90	100

3.2 地质灾害时间分布规律

3.2.1 崩塌、滑坡灾害时间分布规律

斜坡灾害在时间上具有如下规律。

（1）失稳易发生于降雨过程之中或稍微滞后。这里的降雨过程主要指特大暴雨、大暴雨和较长时间连续降雨，这是崩塌、滑坡和不稳定斜坡失稳出现最多的时间。但仍有少部分崩塌发生在非汛期。

（2）工程建设开挖坡脚过程之中或滞后一段时间。工程施工开挖坡脚破坏

了上部岩体的稳定性，因为常常发生崩塌、滑坡和边坡失稳。门头沟区的大部分崩塌隐患点分布于公路沿线，如 G108、妙峰山公路、灵山公路沿线及山区的防火通道，由修路切坡形成的高陡边坡，在施工之中或之后出现崩塌。

3.2.2　泥石流灾害时间分布规律

泥石流的暴发在时间上有如下规律。

（1）泥石流活动的强弱与洪水活动周期相一致，且决定于灾害性降雨出现周期。如 1956 年以前高强度降雨相对频繁，1900、1917、1929、1939 和 1950 年均出现了灾害性大暴雨，这期间山洪泥石流灾害亦较多。1956 年至今四十余年灾害性降雨较少，且 70 年代以来一直处于干旱少雨状态，所以泥石流活动较弱，间歇期长达数十年。

（2）泥石流多发生在 7 月下旬至 8 月上旬时间段内，即通常说的"七下八上"，此段日期降雨量最集中，约占全年降雨量的 60%，暴雨、大暴雨频次高，且超过 100mm 的日降雨绝大部分均发生在 7、8 月间，因此，泥石流在这一时段发生的危险性极高。

（3）大部分泥石流发生于下午至次日凌晨，因本市暴雨有明显的日变化，为午后型和夜雨型，所以泥石流也多在这段时间内暴发。

（4）泥石流常发生在连续降雨中高强度降雨时出现或略滞后，泥石流的激发是前期雨量与短历时暴雨共同作用的结果。统计分析清水站雨量资料（表 3.21）发现，暴发与未暴发泥石流的前十至十五天雨量基本相同，对泥石流暴发影响较大的前期雨量主要是前五日之内的雨量。如 1950 年泥石流前十天的雨量为 90.7mm，前三天雨量达 84.5mm，结果造成泥石流灾害，而 1982 年也出现前十天雨量达 98.2mm 情况，但前三天雨量仅 23.5mm，未发生任何灾害，这说明前三日雨量大小与泥石流是否暴发密切相关。当前三天或前五天累计雨量较大时，泥石流是否暴发又决定于当天的降雨强度。如 1950 年前三天雨量虽低于 1956 年前三天雨量 23.3mm，但是，当天雨量达 190.1mm，高于 1956 年最高日雨量 54mm，其一小时雨强又达 50.6mm，降雨强度很大，使多条沟谷暴发泥石流。所以，具备必要的前期雨量后，只要出现一定强度的降雨仍可激发泥石流。

表 3.21　清水河流域最高日雨量及前期雨量统计表　　（单位：mm）

年份	当天	前一天	前三天	前五天	前十天	前十五天	降雨结果
1950	190.1	73.8	84.5	85.8	90.7	126.3	暴发泥石流
1956	136.0	52.8	107.8	107.8	111.6	115.0	未发泥石流
1982	99.0	20.1	23.5	26.3	98.2	122.5	未发泥石流

3.2.3 地面塌陷灾害时间分布规律

国有煤矿与地方私营小煤窑采煤造成地面塌陷在总量发展趋势上有明显的差异。1980 年以前国有煤矿开采形成的塌陷较多，1985 年后以国有煤矿区减弱，地方私营小煤窑造成塌陷总量跃升为特点。这与私营小煤窑遍地开花，浅部煤层开采强度增大，而国有煤矿大部分进入中晚期，其开采水平深度加大的情况相吻合。

3.3 地质灾害空间分布规律

3.3.1 崩塌、滑坡灾害空间分布规律

门头沟的斜坡灾害主要集中发育于坚硬、性脆、构造节理发育的灰岩、粉砂岩、火山碎屑岩等岩类中，大多呈片状或带状分布。以崩塌为例进行岩性统计，火成岩占 27.1%，沉积岩占 65.3%，碎石土占 7.6%。沉积岩中以砂岩居多，占 28.3%，其次是灰岩，占 14.6%。见表 3.22 和图 3.23。

表 3.22 崩塌岩性统计表

岩性	火成岩	沉积岩					碎石土
		灰岩	白云岩	砂岩	砾岩	页岩	
数量	128	69	42	134	37	27	36
比例	27.1%	14.6%	8.9%	28.3%	7.8%	5.7%	7.6%

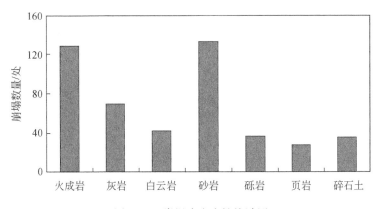

图 3.23 崩塌隐患岩性统计图

从崩塌、滑坡和不稳定斜坡所处的微地貌类型（坡度）来看，大多数隐患点所处的坡体坡度都大于25°，属于陡坡—陡崖的微地貌类型。从崩塌隐患和不稳定斜坡分布的高程来看，多分布在高程小于800m的低山区，高程大于800m的中山区分布较少，见表3.23。

表3.23　崩塌、滑坡、不稳定斜坡分布地貌单元统计表

隐患类型	崩塌、滑坡隐患		不稳定斜坡	
地貌单元	中山区	低山区	中山区	低山区
高程/m	≥800	<800	≥800	<800
数量	86	387	4	71
比例	18.2%	81.8%	4.9%	87.7%

在地域分布上，受人类工程活动修建公路的影响，多沿公路两侧呈带状分布，以清水河流域安家庄—雁翅两侧，清水河北侧的灵山—东西龙门涧为主。

3.3.2　泥石流灾害空间分布规律

泥石流虽然暴发突然，成因复杂，但它是一定地质地貌、水文气候等多种环境条件综合作用下的产物，其在空间分布上具有如下规律（潘华利等，2020）。

（1）泥石流分布受断裂控制，断裂带附近岩石破碎，地形高差大，泥石流集中于断裂构造带附近或几组断裂构造交汇部位，以及节理裂隙发育的坚硬岩石区或软硬相间岩石区。门头沟区泥石流隐患点有一半分布在沿河城断裂及其次级构造范围内。

（2）泥石流多分布在节理裂隙发育的坚硬岩石区或软硬相间岩石区。坚硬岩石区如燕家台—梁家庄一带的白云岩、灰岩区，岩石坚硬、山体高大、坡陡谷深，受断裂构造影响，岩石节理发育，崩塌较多，并有较多风化碎屑物向沟内汇集。软硬相间岩石区，如梨园岭以北地区，岩石为白云岩、灰岩夹软弱页岩、泥质页岩，一方面坚硬岩石发生碎裂崩塌，产生大量碎屑物；另一方面较软岩石不断风化剥蚀，形成较厚残坡积物，逐步坍塌，甚至发生坡面大型滑塌，它们均向沟内提供大量碎屑物。这两类岩石区，沟坡物质丰富，具备令泥石流发生的物质条件。

泥石流围绕几大山体集中分布，西部山区老龙窝山体沟谷分布，并沿山脉走向展布，海拔大部分在300~800m和800~1200m。且区内泥石流多集中分布在末级和二级沟系或河谷上游的狭谷段，沟床纵坡一般在100‰~500‰，流域面积多在0.5~2.5km² 之间。

泥石流分布与局部地区暴雨密切相关。

门头沟区内的泥石流属暴雨—大暴雨型泥石流，激发泥石流的日降雨量超过100mm。从总的降雨环境看，山区降雨相对较少，但是受地势及大气环流的影响，易出现局地性暴雨或大暴雨，且这种暴雨常具移动性，笼罩范围有限。因而泥石流的发生也具有移动性，常发生在暴雨中心区。例如，1950年泥石流围绕清水、斋堂发生，北到柏峪南至达摩沟，西从小龙门东到东北山，范围不过250km^2，而其恰处在日降雨量为100~200mm雨区范围内；百花山—老龙窝脊岭受地形影响也易形成暴雨，因而沿这一脊岭泥石流发育。

门头沟区泥石流较发育，经调查，门头沟区存在泥石流隐患50处，其中8个曾经发生过泥石流灾害，主要集中在清水镇、斋堂镇和雁翅镇。

3.3.3 地面塌陷灾害空间分布规律

各类地面塌陷在全区都有广泛分布，但各乡、镇、国有煤矿的分布发育都不均衡（见图3.24）。从各地区塌陷单体总量分布上看，国有煤矿山以大台矿区、木城涧矿区塌陷最为严重，乡镇以斋堂镇、清水镇、王平镇最为严重。从地裂缝单体数量分布上看，国有煤矿以大台矿最多，木城涧矿次之；乡镇以斋堂镇最多，潭柘寺镇、清水镇次之。从山体滑塌单体数量分布上看，国有煤矿以木城涧矿最发育，乡镇以清水镇最发育。从不均匀沉降数量分布上看，国有煤矿以门城矿最发育，乡镇以斋堂镇和王平镇最发育（李晓玮，2019）。

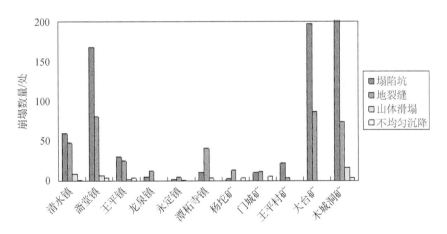

图3.24 门头沟区采矿塌陷类型统计图

4 门头沟区地质灾害成因分析

门头沟区地质灾害主要包括崩塌、滑坡、泥石流、不稳定斜坡及地面塌陷5种类型。其中崩塌灾害527处、滑坡灾害5处、泥石流沟50条、不稳定斜坡90处,地面塌陷50处,合计722处地质灾害隐患。

地质灾害形成与地形地貌、地层岩性、地质构造、人类工程活动及降水等因素有直接关系。这些因素相互作用,综合影响导致了地质灾害的形成。地形地貌是形成地质灾害的重要因素,但地质构造又影响着地貌及斜坡特征,岩石、岩性差异及岩性组合又是灾害的物质条件。因此地质灾害是多因素综合产物,不能割裂分析、理解这些作用[①]。

4.1 崩 塌

门头沟区共发育崩塌527处,是数量最多的地质灾害类型,其中清水镇97处、斋堂镇95处、雁翅镇101处,这三个乡镇崩塌发育数量占全区崩塌总量的55.6%。崩塌灾害主要受以下因素影响。

4.1.1 地形地貌

门头沟区山地分布范围广,山区占全区面积的98.5%。崩塌隐患所在山体斜坡地形陡峻,坡度多在60°~90°之间形成陡崖,斜坡高度多在10~50m之间,坡面多陡立,部分反倾,坡面可能发育凹腔。部分崩塌坡体两面临空,易发生向临空面的变形运动,形成崩塌。门头沟区崩塌灾害隐患所处微地貌类型见表4.1。

表4.1 门头沟区崩塌灾害隐患所处微地貌类型统计表

斜坡微地貌类型	陡崖	陡坡	总计
数量	285	242	527
比例	54.1%	45.9%	100%

4.1.2 地质构造

门头沟区崩塌灾害分布范围广,数量多,与门头沟构造相关。门头沟区位于

---

① 北京市门头沟区突发地质灾害详细调查报告.2013.北京市地质研究所.

燕山台褶带之西山迭坳褶，包括青白口中穹褶和门头沟迭陷褶。发育一系列大规模的褶皱构造及断裂构造。主要地质构造包括：燕家台复式背斜、百花山向斜、九龙山向斜、下苇甸穹隆等褶皱构造，此外还发育沿河城断裂、珠窝断裂、妙峰山断裂、大台—上苇甸断裂及横岭断裂等。在构造作用下岩石节理裂隙较为发育，形成多组结构面使坡面呈块状，易崩落。

4.1.3　地层及岩性

门头沟区沉积岩广泛分布，主要由长城系、蓟县系、青白口系、奥陶系和寒武系灰岩白云岩组成了碳酸盐岩类及石炭系、二叠系及侏罗系组成的碎屑岩类。在灰岩及白云岩地层亦存在岩性差异，如白云岩地层常发育含泥砂质白云岩，易被侵蚀形成孔洞，该夹层相对软弱，含泥砂质白云岩在地表出露部位破碎或形成凹腔，对上部岩石支撑不足，在重力作用下易形成崩塌灾害（图4.1）。而砂岩页岩岩石强度较低，受构造影响易破碎，在陡坡地区易形成崩塌。变质岩出露较少，而岩浆岩在109国道沿线有出露，受风化长期影响，坡面岩石强度降低明显，在斋堂水库周边发生多次崩塌灾害（图4.2）。

图4.1　109国道灰岩崩塌

图4.2　109国道花岗岩崩塌

4.1.4 持续降雨、风化、地下水作用及人类活动影响

临空坡面多发于构造节理及风化卸荷节理，在暴雨或持续降雨情况下，降水沿节理裂隙渗入，使岩体垂直裂隙内水压力增大，同时使裂隙面抗剪强度降低，是造成岩块崩塌稳定性降低而发生灾害的重要因素；长时间风化，使崩塌坡体岩体更加破碎，稳定性降低，更易受降雨的影响；此外在修路、建房采矿等人类活动影响下，局部地形变化坡度大，开挖坡体形成临空面破坏了崩塌体原有的应力平衡，降低了自身的稳定性，也会诱发坡体失稳，进一步形成崩塌危害。见图4.3和图4.4。

图 4.3　龙泉镇灰岩开采形成的崩塌隐患

图 4.4　潭柘寺灰岩开采形成的崩塌隐患

4.2 滑　　坡

门头沟区发育 5 处滑坡灾害，分布在永定镇、潭柘寺镇及雁翅镇。滑坡成因主要受地形地貌、岩性特点、地质构造及人类工程活动影响。

4.2.1 地形地貌

5 处滑坡地形以低山为主，高程在 200~400m，地形坡度 30°~50°。一般为低山沟谷地形。坡脚为主沟，受沟道切割或人类活动影响，存在临空坡体及剪出口，为坡体下滑提供空间。见图 4.5~图 4.9。

图 4.5　赵家台滑坡地形地貌

图 4.6　戒台寺滑坡地形地貌

图 4.7　定都阁景区公路滑坡地形地貌

图 4.8　黑江路滑坡地形地貌

图 4.9　青白口村西滑坡地形地貌

4.2.2 地层岩性

滑坡区岩性一般为砂岩、页岩、碎石土层。如戒台寺滑坡为石炭系太原组灰色、深灰色细砂岩、粉砂岩及页岩，夹黏土矿层和煤层或煤线。黑江路滑坡滑体为残坡积碎石土，结构松散，含大块砾石，一般块径 0.5m，下部滑床为砂岩。岩性差异或岩石含软弱层是形成滑坡的重要影响因素。

4.2.3 地质构造

地质构造影响使地层倾向改变，部分区段或区域形成顺坡向的地层产状，顺向坡结构不利于坡体稳定，此外地质构造影响下，岩体形成节理及裂隙，在地下水作用下斜坡稳定性降低，易形成滑坡灾害。

4.2.4 地下水作用

门头沟全区每年出现 1~2 天暴雨，5~6 年出现一次大暴雨。汛期暴雨集中，一次连续降雨多达 200~300mm，有时一次降雨量可占汛期雨量的 40% 以上。降雨是触发崩塌、滑坡灾害的主要因素，短时间的强降雨或长时间的小雨入渗既增加坡体本身重量又降低软弱层强度，同时地下水渗流形成动水压力对坡体稳定不利。

4.2.5 人类工程活动

矿产开采及修路切坡使坡体自然状态发生改变，局部形成陡坡，应力集中，人类工程活动改变了地形地貌，使自然边坡变成高陡边坡，开挖活动也对坡体形成扰动，岩体的软弱结构面暴露，岩体应力重新分布，产生卸荷裂隙，易形成滑坡灾害。部分修路回填形成填方路基，在地表水入渗影响下，回填土遭浸泡、潜蚀、冲刷可能形成沿基覆界面滑动的滑坡灾害。如戒台寺滑坡坡脚曾有胜利、石厂煤矿开采。采空区顶板垮落，对上部岩土体支撑不足，顺层坡体易产生滑动。

4.3 泥 石 流

门头沟共发育泥石流沟 50 条，主要分布在清水、斋堂雁翅地区，这三个乡镇分布泥石流沟 38 条，占全区泥石流总数的 76%。其形成主要受以下因素影响。

4.3.1 地形条件

门头沟地貌受永定河及清水河切割影响，形成了南北高中间低，西北高，东南低的总体地势。全区最高点为东灵山主峰，海拔 2303m，最低点在东南部卧龙桥，海拔 73m。以中低山地貌为主，中山区地势高差变化大，中部清水河河谷区高程 450m 左右。高差近 1000m，一般坡度在 25°～45°之间，造成地形坡度大，山高谷深。门头沟西部的清水、斋堂、雁翅中山区山坡坡度较大，一般坡面土层薄，沟底较窄，但流域范围大，此外受采煤、采石等人类活动影响，部分沟道内物源总规模较大，且汇水面积大易形成泥石流灾害。见图 4.10 和图 4.11。

图 4.10　西王平村泥石流沟口地形地貌

图 4.11　上达摩村泥石流沟口地形地貌

4.3.2　物源条件

中山、低山地区泥石流沟多山高谷长，多为碎屑岩类地层，流域内泥石流松散固体物源较为丰富，最主要为第四系松散碎石土，岩石风化破碎，提供了泥石流物源，流域可能发育崩塌等情况。同时流域内曾经进行过矿产开采，地表剥土等也形成大量泥石流物源，为泥石流灾害提供条件。如王平镇西王平村大沟、清水镇上达摩沟等多条沟道系采煤巷道掘进及选矿形成大量物源，在原有沟道物源基础上形成松散物源（图4.12和图4.13）。

图4.12　清水月玉沟选矿废渣物源

图4.13　色树坟南沟崩塌物源

4.3.3 降雨条件

降水条件是诱发泥石流的主要因素。门头沟气候属温带大陆性季风气候区，2010 年以前多年平均降水量为 560mm，降水量大都集中在 6～8 月份，占全年降水量的 60%～80%，降雨集中。据资料记载，1950 年斋堂—清水一带普降大—暴雨，清水河流域内发生大小山体滑塌及泥石流 124 处，沿岸 107 个村庄 3945户遭到不同程度的山洪泥石流灾害，当时沟道径流深度约 2.0m。最近强降雨发生在 2012 年。2012 年 7 月 21 日 10 时至 7 月 22 日 6 时，全市平均降雨量达到170mm，最大降雨量为 460mm，门头沟地区降雨量也在 100mm 以上。强降雨导致多处沟道发生冲蚀现象。

4.4　不稳定斜坡

门头沟区共发育 90 处不稳定斜坡隐患，主要分布在雁翅、清水、大台及龙泉地区。其形成主要有以下因素。

4.4.1 地形地貌

斜坡均为低山地区，地形坡度在 30°～50°。相对高差一般为 5～20m。多坡面凸出或呈折线型坡面（图 4.14 和图 4.15）。

图 4.14　草甸水村不稳定斜坡地形地貌

图 4.15　雁翅镇政府南不稳定斜坡地形地貌

4.4.2　地层岩性

不稳定斜坡一般为第四系碎石土、黄土或者岩土混合坡体。碎石土多为第四系冲洪积土体，结构松散，自稳性较差。黄土斜坡岩性一般为马兰黄土，坡面一般陡立高度较大，多发于垂直节理，降水沿节理入渗易导致坡体变形。混合坡体一般上部为土体，下部为基岩。在降雨入渗情况下地下水沿岩土界面渗出。高陡坡体在水体作用下易垮塌或者沿岩土界面滑塌。

4.4.3　人类活动及降雨影响

门头沟区不稳定斜坡灾害的形成与人类工程活动多有直接关系，主要体现在修筑公路或者修建房屋开挖坡脚，形成局部斜坡临空，上部坡体缺少支撑，临空段应力集中。降雨也造成岩土体强度降低，重度增大，土体或者岩土界面抗剪强度下降，导致坡体易失稳。

4.5　地　面　塌　陷

门头沟区发育 50 处地面塌陷灾害。主要分布在斋堂镇、王平镇、大台街道、东辛房街道等地。50 处地面塌陷灾害均为煤矿开采形成的采空塌陷。

4.5.1　地层岩性

门头沟区石炭系太原组、石炭—二叠系山西组、二叠系石盒子组、侏罗系窑坡组为主要含煤、煤线地层。太原组岩性组合为粉砂岩、细砂岩、泥质岩夹煤层，含煤层；窑坡组地层组在京西煤田称为门头沟煤系，为典型的陆相河流–湖泊相沉积建造，厚度 510～650m。岩石分别为不同粒级的砂岩、粉砂岩、泥岩及含碳泥岩、煤层组成旋回。以上含煤地层自清水南部、至斋堂马栏、千军台、木城涧、赵家台、秋坡一带广泛出露。含煤地层分布广泛，相应私营小煤窑密布，国有煤矿大规模开采，造成采空塌陷灾害较发育。石炭—二叠系，俗称"杨家屯煤系"。主要分布在灰峪、杨坨及城子地区，主要含煤 7 层。

4.5.2　采矿活动

门头沟区煤系地层分布广泛，采煤历史悠久，私营小煤窑开采已有 800 年以上历史，明代即有采煤记载。近代采煤规模逐步发展扩大，1916 年后杨坨矿、城子矿相继建矿开采，1920 年门头沟煤矿建立，陆续进行煤炭开采。煤矿开采在 20 世纪 80 年代末到 90 年代初为最盛，国有矿区开采形成的塌陷较多，1985 年后国有矿区减弱，小煤窑遍地开花，浅部煤层开采强度增大，而国有煤矿大部分进入中晚期，门头沟区内主要的国有煤矿包括门头沟煤矿、城子煤矿、杨坨煤矿、王平煤矿、大台煤矿及木城涧煤矿等，主要分布于门头沟区的清水镇、斋堂镇、王平镇、龙泉镇、潭柘寺镇和大台地区，2000 年以后门头沟区开始陆续关闭当地矿山，截至 2011 年底，门头沟区关闭包括煤矿在内的 155 个矿山，目前门头沟区的国有煤矿已全部关闭。门头沟煤矿开采历史悠久，私营小煤窑和国有煤矿空间重叠，浅部多为私营小煤窑所采，一般沿煤层露头土法开采，多沿煤层露头形成环状采空区，私营小煤窑星罗棋布，数量多，巷道上下交错，深浅不一，采空区一般在 20～160m 之间，引起地表塌陷及开裂。深部煤层开采深度一般在 130～500m 之间，多为国有煤矿开采，且多采用走向长臂开采，采空区规模较大，多形成地表沉降，局部形成塌坑。

5 门头沟区典型地质灾害特征

5.1 门头沟区典型地质灾害概述

经调查统计，截至 2021 年，门头沟区各类地质灾害隐患共计 722 个，其中崩塌 527 个，不稳定斜坡 90 个，滑坡 5 个，泥石流 50 个，地面塌陷 50 个。威胁居民点的地灾隐患点 193 个，涉及 11 个乡镇 96 个行政村。威胁道路的地灾隐患点 389 个，威胁景区的地灾隐患点 29 个，威胁中小学的地灾隐患点 2 个，威胁其他的地灾隐患点 109 个。按照灾害规模划分，灾害规模为大型的有四处，分别为永定镇戒台寺滑坡隐患点（威胁景区）、西王平沟泥石流隐患点（威胁居民点）、妙峰山陈家庄村西北沟泥石流隐患点（威胁道路）、大台街道北台子木城涧沟泥石流隐患点（威胁居民点），其余为中小型地质灾害隐患。本章分别选取戒台寺滑坡、向阳口东河沟泥石流作为门头沟区典型地质灾害进行分析。

5.2 戒台寺滑坡

北京戒台寺为国家级重点文物保护单位，至今已有 1400 多年的历史。位于北京市西南山区走向近东西向的马鞍山山脉北麓，距京城 35km，西靠极乐峰，南倚六国岭，北对石龙山，东眺北京城。寺院坐西朝东，海拔 400 余米，占地面积约 5hm²，建筑面积约 8400m²，殿堂随山势而建，西南高，北东低，错落有致，寺内建有全国最大的佛教戒坛，十大名松更是历史悠久，名扬中外。寺庙巍峨，园林清幽，戒台寺不仅是中国佛教著名寺院，亦是 2008 年北京奥运会指定的旅游景点之一。2004 年雨季，戒台寺产生山体滑坡病害，坡体急剧变形，寺院内原有地地裂缝增大，严重威胁戒台寺的安全。

5.2.1 戒台寺滑坡地质环境背景

5.2.1.1 地形地貌

1. 区域地形地貌

戒台寺位于北京市西南山区马鞍山的北麓，其前缘为近南北向山梁，处于中低山—平原过渡地带，属低山剥蚀地貌单元。

南侧马鞍山山脉走向总体为近东西向，略呈反"S"形，东自石佛村，西至观音洞，山脉走向由北东向转为北东东向至北西西向再转为北东东向。山脉呈东低西高，山顶高程在375～676m。马鞍山南侧为山前断陷平原，山坡地形陡峻；其北侧为低山沟谷地形，山坡相对较缓，自然斜坡横坡坡度一般为20°～40°，植被茂密。

马鞍山北坡的沟谷较发育，沟谷走向主要为近南北向和近东西向，其次发育有北东向或北西向沟谷。其中，戒台寺至石佛村东段，自山顶至坡脚古香道，斜坡坡度一般为20°～40°，沟槽方向以北北东向和北东向为主，其次为近东西向，形成北北东向和北东向的山梁与3个近东西向的平台，台阶高程分别为420m、370m、340m。戒台寺至观音洞（秋坡村）垭口西段，自山顶至坡脚秋坡村，斜坡坡度一般为30°～45°，沟槽方向以北北西向和北西向为主，其次为近东西向，形成近南北向和北西向的山梁，108国道以下坡脚秋坡村为宽缓的谷槽，具老滑坡（群）微地貌特征。

2. 戒台寺滑坡地形地貌

戒台寺—石门沟（苛罗坨村樱桃沟）为一近南北向的山梁，可划分为3部分：戒台寺后马鞍山北坡的陡坡段，斜坡坡度为30°～50°；前部因石门沟的下切，呈陡坡，斜坡坡度为30°～50°（其后部平台高程300m，沟底高程180m），在斜坡中部局部发育一小平台，其岩层破碎松散，具滑坡地貌特征；中部为平缓斜坡地段，斜坡坡度为5°～15°，发育有Ⅳ级（似）平台，由南向北依次递降（图5.1）。

图5.1　戒台寺滑坡地形地貌示意图

戒台寺位于中部第Ⅰ级平台上，该级似平台高程为380~400m，南西高而北东低，向东侧沟倾斜；画家院子处在第Ⅱ级平台上，平台高程约370m，该级平台与Ⅰ级平台间为一陡坎（画家院子与上下停车场间的陡坡呈一线），坎高约20m；第Ⅲ级平台从林地至三岔路口系一缓坡平台，平台高程为340~350m；第Ⅳ级平台为108国道以北100m处的大平台（该平台的北端有3条倾向南的反倾贯通裂缝），平台高程为300~310m。

108国道位于Ⅱ级平台的前缘及Ⅲ级平台的后缘，明显地将山梁划分为南、北两单元，南单元地势相对较陡，北单元地势相对平缓。山梁的两侧有东、西两条自然沟，西沟（秋坡村洼地）因前沿沟谷下切已出现了规模较大的滑坡群，向下方石门沟滑动。东沟靠山梁一侧（下停车场原为一冲沟）曾发生过局部坍塌，促使山梁自Ⅱ级平台前缘以下（北单元后部）形成了2个垭口。

5.2.1.2 地层岩性

根据区域地质资料、钻探及地表出露的地层岩性分析，组成戒台寺斜坡及其周围的主要地层有石炭系（C）、二叠系（P）及第四系（Q），其中对戒台寺滑坡影响最大的为四层矿层（Г0矿层、Г1矿层、Г2矿层、Г3矿层），地层由老至新叙述如下。

1. 中石炭统清水涧组

灰色、深灰色中厚层状细砂岩、粉砂岩夹薄层状砂质页岩或泥质砂岩、砾岩，夹3~4层黏土矿和煤层或煤线。浅变质，砂岩中见变质矿粒呈片状，页岩或泥质砂岩略具板岩化现象。砂岩铁质和硅质胶结，致密坚硬。强—中风化，岩石破碎，节理裂隙发育。层厚20~50m，此层基本稳定，不易变形。

（1）Г0矿层——一般包括薄层状的页岩或碳质页岩、黑灰色煤、灰黑色黏土矿，一般厚度2~6m。其上有不明显的黑灰色底砾岩，成分系含变质矿粒、具变质片状的粗中砂岩，铁质胶结，致密而坚硬；上部系20~40m厚的呈中层块状黑灰色铁质与硅质胶结良好的含变质矿粒中细粒致密而完整的坚硬砂岩，偶夹薄层砂质页岩。

（2）Г1矿层——位于中石炭统清水涧组与上石炭统灰峪组的分界处，一般包括灰色薄层状的碳质页岩或页岩、劣质煤层、黏土矿和黑灰色碳质页岩，一般厚度3~7m（受构造作用其厚度不一或呈多层出现）。其上有一层厚6~10m的黄灰色中层状含砾粗石英砂岩系底砾岩，该层底砾岩中等坚硬，构造裂面发育一般，轻微变质，中等胶结作用。

2. 上石炭统灰峪组

上部灰色、深灰色细砂岩、粉砂岩及页岩，夹2~3层黏土矿和煤层或煤线，下部为灰色、浅灰色含砾粗石英砂岩。轻微变质，砂岩中见变质略呈片状，页岩或泥质砂岩略具板岩化现象。砂岩铁质和硅质胶结，中等致密，较坚硬。由于上石炭统岩质软弱，故在后期地质构造逆时针力偶作用下，非独岩层扭曲、揉皱严重，甚至有倒转现象，且各个方向的断裂发育、局部构造破碎带发育；中层状硬砂岩或砂质页岩在多期构造（基本上是近东西与近南北向的断层）作用力推挤下而生成了大量构造应力核，致使 $\Gamma 2$ 矿层可成为 $2 \sim 4$ 层在同一钻孔中重复出现，故在采矿后易形成多层滑动与蠕动。受近东西向断层及下伏岩层的影响和控制作用，第 I 级戒台寺平台岩层产状基本稳定，岩层走向为北西西向至近东西向（具逆时针旋扭特征），倾向北，倾角 $20° \sim 40°$。

（1）$\Gamma 2$ 矿层——该层为上石炭统 C_3^1 与 C_3^2 分界处的矿层，亦由中薄层状的碳质页岩或页岩、煤层或煤线、灰黑色黏土矿层、碳质页岩或砂页岩组成，层厚一般厚度 $3 \sim 8m$（受构造作用其厚度不一或呈多层出现）。其上为厚 $10 \sim 30m$ 以中等坚硬、中层状的灰色砂质页岩为主，砂页岩互层，具多层构造裂面与层间错动带（该处多以风化破碎呈褐黄灰条带为其特征），底部一般有一层厚 $1 \sim 2m$ 砾岩（或呈透镜体状）。此处岩体较完整，强度较大。接近地表处受后期扭性构造影响，褶皱严重。同样具有许多构造应力核与逆断层，因此 $\Gamma 2$ 矿层亦呈多层出现。

（2）$\Gamma 3$ 矿层——该层是石炭系灰峪组与二叠系岔儿沟组之间的分界层，矿层包含的黏土矿、煤和砂页岩等类似 $\Gamma 1$、$\Gamma 2$ 层的组成，只是上覆黄色底砾岩的砂岩砾石粒径较粗。它已经出露地表，在缓坡 III 平台的后缘可以找到。此 $\Gamma 3$ 矿层及其以上二叠统岩层具有受构造挤压严重的现象，特别在 $\Gamma 3$ 矿层上下的岩层揉皱明显，构造应力核发育。

3. 下二叠统岔儿沟组和阴山沟组

下部主要为微—中风化灰色、深灰色细砂岩、粉砂岩、含砾砂岩和砾岩，夹煤线；上部以灰色、灰绿色厚层状砂岩与薄层状粉砂岩互层，长石石英砂岩夹泥质粉砂岩。底砾岩为灰色、灰白（风化呈黄色），一般厚 $3 \sim 10m$，较稳定，其砾石成分主要为燧石和石英岩。该套岩层一般厚 130m，主要分布于 108 国道以北近南北向山梁及其东侧山坡体。

4. 第四系（Q）残坡积层及人工杂填土

一般厚 $0.5 \sim 6m$，主要分布于斜坡的表层和寺院平台及停车场。目前仅见寺南部的上、下院一带，残坡积层有浅层变形的地裂缝出现。

5.2.1.3　地质构造

1. 近南北向或北北东向构造

近南北向或北北东向褶曲构造为戒台寺周围区域短轴构造，主要发育于戒台

寺以西以及秋坡村至石佛村古香道的近东西沟一线以北的区域内，是马鞍山背斜
北翼的舒缓部位，形成了一系列的近南北向或北北东向的褶皱带，为新华夏构造
的产物，亦是该区的主控构造。伴随褶皱带的形成，北北东向的断层、挤压劈理
带和压扭性构造面发育。

地貌形态表现为宽缓的谷槽（洼地）或"U"形沟槽间走向近南北向的山
梁。北北东向褶皱带叠加于近东西向马鞍山背斜次级褶皱上，以戒台寺山梁为
界，山梁以西褶曲宽缓，以东则褶曲紧密，甚至倒转（秋坡村洼地内褶皱发育，
计有5个）。

从地层岩性条件来看，具上石炭统的褶皱紧密，中石炭统和二叠系的褶皱则
相对宽缓的特征。褶曲向北收敛、向南西扩散，略呈反"S"形，具压扭性帚状
构造，它表明北北东向的短轴构造（褶皱带）是受逆时针的力偶作用形成。

石佛村的南沟为东西向，是一断裂（F）所在的东段，被北北东向（戒台寺
的东侧沟是依附于近南北向构造形成）扭断裂（断层F9）所切割，将其西段向
南推至大停车场及画家院子的前缘一带，使第Ⅲ级平台的缓坡上形成两个横切病
害所在近南北向山梁的垭口（在山梁及其以东亦是石炭系与二叠系的分界线）。
断裂西段过近南北向的山梁后，戒台寺西后山陡山脚与其北侧洼地（秋坡村）
的后缘间是该条东西向西段的主断裂。断层F2以南戒台寺东沟两侧的岩层存在
错断，沟东侧出露为中石炭统中厚层状砂岩，沟西侧出露为上石炭统砂岩、页
岩，错断表现为逆时针力偶作用形成。

戒台寺东、西两沟所在的沟均为近北北东向的后期主压扭断裂通过之处，倾
向东，倾角70°~80°（断层F9、断层F10）。戒台寺滑坡病害所在近南北向山梁
及其东侧与之平行的短轴山梁（过松树林）皆为呈反"S"形的短轴构造，反映
地形地貌与当地构造格局是一致的。

戒台寺北北东向山梁位于一短轴向斜构造的西翼（Ⅲ、Ⅳ平台），受近东西
向早期次级构造影响，岩层破碎，近南北向构造节理面发育。

2. 近东西向或北东东向次级构造

戒台寺周边区域地质构造主要受马鞍山背斜（北东东—近东西向构造）的
影响。马鞍山背斜北翼正常岩层产状呈近东西向，倾向北，其倾角由南向北逐渐
变缓（上陡下缓）。在马鞍山北坡约为60°，戒台寺后山坡倾角为40°左右，寺院
及画家院子平台（Ⅰ、Ⅱ级平台）为30°~25°，Ⅲ、Ⅳ级平台倾角为20°~15°，
再向北抵石门沟（当地最低侵蚀基准），应为向斜轴。

戒台寺滑坡病害所在的短轴山梁内近东西向的构造结构面（带）、断层或层
间错动带以及次级褶皱等发育，它控制着南北向山梁的分级分块和坡体的结构类
型以及滑坡病害的性质、规模和范围。

戒台寺滑坡病害所在南北向山梁及其周围近东西向构造形迹，主要表现为断层、挤压破碎带、层间错动带和强烈褶曲，贯通的近东西向构造结构面（带）间距一般为 20 ~ 40m，计有断层（构造破碎带）11 条（表 5.1）。

表5.1　北京戒台寺南北向山梁构造（断层）一览表

编号	断层产状	构造性质	构造位置	说明
F1	70°∠85° ~ 90°	挤压破碎带，压扭性	挤压破碎带位于观音殿、千佛阁、大雄宝殿、伽蓝殿、南配殿等一线	滑坡后缘依附面，带宽约 5m，被 F9 切割
F0-1	70° ~ 80°∠60° ~ 80°	断层（破碎带），逆时针旋扭，逆冲性质	断层东自大罗圈、石佛村、墓地松林至管理处、牡丹院、真武殿一线	寺院第二沉降带，宽约 15m，被 F9 切割
F2	70° ~ 80°∠70° ~ 80°	挤压破碎带，压扭性，逆时针旋扭	位于大悲殿北配殿、罗汉堂、财神殿、辽塔、上下停车场陡坎一线	寺院第三沉降带，宽约 14m，被 F9 切割
F3	60° ~ 80°∠60° ~ 80°	挤压破碎带，压扭性，逆时针旋扭	西自西浅沟经画家院落、停车场掉石处、停车场裂缝带至东侧沟	画院西滑坡后缘依附面，带宽约 10m
F4	60° ~ 80°∠60° ~ 80°	挤压破碎带，压扭性，逆时针旋扭	东自停车场前冲沟西至 108 国道拐弯吊沟附近一线	依附于紧密褶曲轴形成，带宽约 10m
F5	70°∠50° ~ 70°	断层（糜棱岩带），逆时针旋扭，逆冲性质	该断层位于戒台寺进寺路间南垭口（大停车场前冲沟）一线	糜棱带宽约 2m，构造破碎带宽约 15m
F6	60° ~ 80°∠40° ~ 60°	层间错动带，逆时针旋扭，逆冲性质	该断层位于 III、IV 级平台间 108 国道拐弯处南侧斜坡附近	二叠系砂岩沿 I3 矿层错动，带宽约 5m
F7	60° ~ 80°∠70° ~ 80°	挤压破碎带，压扭性，逆时针旋扭	该挤压破碎带位于 IV 级平台采空塌陷带的南侧界附近	采空塌陷带的南侧界，带宽约 5 ~ 10m
F8	60° ~ 80°∠70° ~ 80°	挤压破碎带，压扭性，逆时针旋扭	该挤压破碎带位于 IV 级平台前部前缘陡坡地段中间小平台附近一线	（物探资料）挤压破碎带宽约 10m
F9	5° ~ 30°∠70° ~ 80°	断层，压扭性，逆时针旋扭特征	位于戒台寺东侧自然冲沟部位（止于石佛村古香道近东西向沟）	滑坡的东侧界，带宽约 20m，被 F11 切割
F10	15°∠45° ~ 60°	挤压破碎带，压扭性，逆时针旋扭	位于戒台寺西侧自然冲沟部位（在秋坡村谷槽沿沟北延伸至石门沟）	滑坡的西侧界，带宽约 10m，被 F11 切割

编号	断层产状	构造性质	构造位置	说明
F11	80°∠55°~70°	断层破碎带，逆冲性质，后期压性改造	位于石佛村古香道近东西向沟、山岔路垭口、马鞍山秋坡村坡脚一线	工程地质分区构造，断层宽约10~20m

其中具明显断层特征的断层有 3 条，即 F2、F5、F11，其余为挤压劈理带。各构造带以陡倾为主，多为压扭性结构面，且具逆时针旋转特征和逆冲性质；一般来说层间错动带以压性为主，与上述各压性逆冲断层属同一构造期生成，并被近南北向断层所切断。近东西向褶曲或褶皱主要产生于上石炭统中，共有 4 个褶曲，分布于Ⅱ~Ⅳ级平台之间。以石佛村古香道至 108 国道进寺三岔路口（Ⅲ级平台垭口）一线为界，可将南北向山梁分为两个地质单元，北单元近南北向山梁为二叠系，下伏石炭系，南单元地层为中上石炭统。

北单元山梁岩层主要为二叠系中厚层状砂岩夹泥质砂岩、含砾砂岩。岩层中褶曲较发育，褶曲较舒缓，陡倾压扭性构造结构面（带）发育，岩层倾角相对较缓。

Ⅳ级平台北端采空塌陷带依附北东东向或近东西向构造结构面和构造破碎带（F7）形成。108 国道以北缓坡地段北东东向陡倾扭性构造结构面（带）发育，层间错动带较发育。坡体病害变形裂缝依附于北东东向构造结构面与层间错动带形成，贯通整个山梁。此类裂缝在 108 国道以北有 6~7 道。

Ⅲ级平台地段（108 国道至三岔路口地带）为二叠系与石炭系的接触地带。二叠系砾岩下伏石炭系 Γ3 黏土层，褶曲、断层和层间错动带（F6）发育（钻孔中 Γ2 黏土层重复出现）。砾岩褶曲和拖褶现象严重，构造糜棱带发育。石佛村古香道为近东西向至北西西向的沟，它与Ⅲ级平台垭口跨 108 国道至西沟沿秋坡村谷槽南侧山坡脚一线，两者为同一近东西向断层或构造破碎带（F5）。它被后期近东西向构造（F11）所改造并被北北东向及近南北向构造所切割。两断层间的Ⅲ级平台垭口地段为近南北向山梁的第二个沉降变形带，108 国道路面上的裂缝发育，裂缝间距一般为 10~20m。

南单元山坡体岩层主要为中、上石炭统中厚层状细砂岩、粉砂岩、含砾砂岩及砾岩，中薄层状砂岩、粉砂岩及页岩、夹煤线或煤层、含砾粗石英砂岩。其中上石炭统岩性软弱，岩层扭曲，揉皱严重，褶曲发育，次级褶皱紧密，局部发生倒转，褶轴呈北东东向，略有扭曲，呈反"S"形，陡倾构造结构面（带）发育，多以密集剪性劈理带形式出现，层间错动带发育；中石炭统岩性较硬，岩层受构造作用，构造结构面（带）较发育，褶曲不甚发育，褶曲舒缓圆顺，无揉皱现象（软弱夹层具揉皱现象或层间错动），岩层产状相对稳定，变化较小，地形相对较陡。

南单元戒台寺滑坡病害体的岩层主要为上石炭统中薄层状砂岩、粉砂岩及页岩、夹煤线或煤层、含砾粗石英砂岩，岩性相对软弱。坡体内断层（或构造破碎带）、构造结构面带、层间错动带和褶曲发育。断层有北东向断层 F4、北东东向断层 F2、F3 和近东西向断层 F1。断层 F2 位于上下停车场间陡坎和戒台寺前陡坡一线，断层 F4 位于下停车场入口与画家院落前缓坡地带，F1 位于滑坡后缘千佛阁、大雄宝殿至山门殿一带。以断层 F2 上下停车场间陡坎和戒台寺前陡坡一线为界，戒台寺滑坡病害在近南北向的山梁上分为Ⅰ级戒台寺平台与Ⅱ级画家院落平台。戒台寺及周边区域构造见图 5.2。

5.2.1.4　水文地质条件

根据戒台寺滑坡所钻钻孔数据及有关资料记载，本次水文地质调查发现滑坡地下水分布及类型如下。

1. 地表水

戒台寺位于马鞍山（背斜）北坡的近南北向冲沟的沟头部位，地势南西高北东低，寺院依山势而建，坐西朝东。山梁的东侧沟为一较深的冲沟，西侧沟系一浅的自然冲沟。山梁后部的地表水多由东西两侧自然冲沟流走，但从整个戒台寺的地形上看，斜坡体是以缓坡和多级平台为主，雨季的汇水面积大所造成的地表水下渗，也是诱发滑坡的因素之一。

2. 基岩裂隙水和层间水

戒台寺滑坡病害所在山梁的组成岩层为中上石炭统的砂岩和页岩互层，夹黏土矿和煤层。地下水主要是基岩裂隙孔隙水，赋存于裂隙发育的砂岩和构造破碎带中，多为层间水，具有承压性，特别是寺院范围内有厚约 6～10m（地表下 45～50m）的黄褐色砂岩中富含地下水，在滑坡东侧自然沟之间具有承压性，在试桩中可见水量相对稳定，涌水量较大（25m³/d），受局部地下水变化影响很小，可断定为区域性层间含水层，补给来源为顺层而下的来自马鞍山顶部的灰岩中的地下水。地下水的补给来自南西方向的后山沿顺坡岩层间、近东西向构造破碎带，也受两侧近南北向断层带的水以及表水下渗补给。地下水的径流主要沿层间或近东西向构造破碎带向北东流动汇入东沟（北北东向断层带），其次为沿层间裂隙（带）或构造破碎带流入西侧构造破碎带。页岩和黏土矿及煤层为滞水隔水层。

3. 地下水分布

整个戒台寺滑坡地下水的分布经高密度电法勘探证实，在观音殿南 100m 范围内，地下水埋深在 20～25m 间，大悲殿以北 40m 范围内，地下水埋深在30～

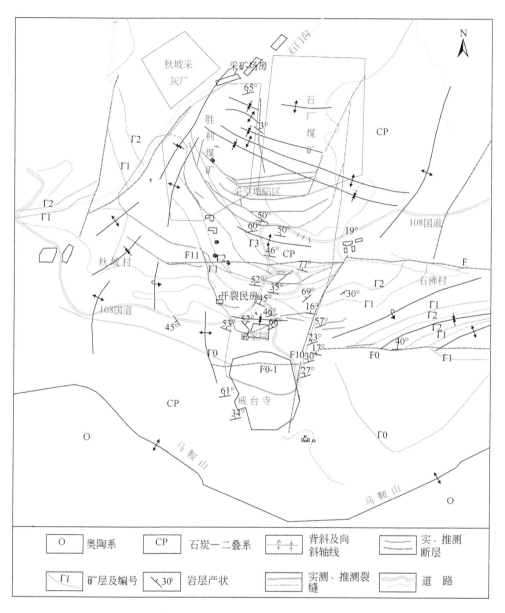

图5.2　戒台寺及周边区域构造简图

40m 间。这些过湿带（含水区）与各钻孔揭示的地下水位置基本一致。地下水总的流向为南西向北东流，亦与构造分析相同，可相互验证。

4. 水井及老沟槽调查

根据有关记载，戒台寺原来有 12 眼水井，72 眼泉，井井有水。目前在网球场西侧及戒台寺公园售票处两处古井，水位分别为 12m、9m。由于周边存在地裂缝，地表水可能沿此入渗至坡体，降低了坡体稳定性。寺院内古树因地下水系环境的逐渐恶化而生长趋于缓慢。根据记载和地形等高线综合分析，有 3 条自然沟可能在寺院建造之前存在，贯穿于寺院，后因修建寺院而进行了人工改造，因此寺院南西侧坡体汇集的大量地表径流，流至寺院围墙附近，便大量急剧下渗汇聚，之后沿着老沟槽地下径流到寺内滑坡体，降低了岩土体的物理力学强度指标，助长了滑坡的变形发展。

5. 生活用水

根据调查每天戒台寺内产生的生活污水达 50m³，而戒台寺宾馆许多客房如方丈院、牡丹院、上院、下院及餐厅等的下水道、上水管道以及房屋四周排水沟等设计不合理及年久失修，在山体松弛下，造成上下水管道的断裂，致使生活用水集中下渗，亦是造成房屋及地面变形复杂的原因之一。

5.2.2　戒台寺滑坡特征

区域历经多期构造运动作用影响，地质构造复杂，不同期次构造交错重叠，山体被割裂呈现多块多条结构和构造特征，构成了戒台寺滑坡病害体形成多层、多级和多块变形的基础。戒台寺滑坡平面图见图 5.3。

5.2.2.1　戒台寺山梁的坡体结构

戒台寺滑坡体及其周围区域以近东西向构造为基础，在北北东向扭性构造作用与切割下，地层产生严重扭曲，褶皱和逆冲断层或构造结构面（带）发育。戒台寺滑坡病害所在山梁为近南北向的短轴山梁，应力集中，其组成岩层主要为石炭—二叠系，岩性软弱，软硬相间。在多期构造应力作用下，岩层褶曲构造极为发育，不同期次和不同性质的构造相叠加，岩层扭曲、揉皱严重，形成复合褶曲山梁。伴随早期近东西向次级褶皱带的形成，岩层中近东西向的逆冲断层、挤压劈理带和层间错动带发育，岩层形成由北向南逐段上升阶梯台坎状的向北顺倾的地层结构特征；受后期北北东向构造的作用影响，上石炭统以上地层褶曲严重，甚至倒转，在北北东向构造破碎带的作用下，岩层扭曲、切割支离，形成了许多有规律分布的构造应力核（或小型紧闭歪斜褶皱和牵引形成的挠曲）；晚期北西西向的构造的继承与改造，差异性、间歇性升降的新构造运动作用，近东西向的构造破碎带和层间错动带的走滑活动，导致岩层更趋破碎。

随着河流沟谷的下切，风化剥蚀和地下水的侵蚀作用，坡体易沿构造结构

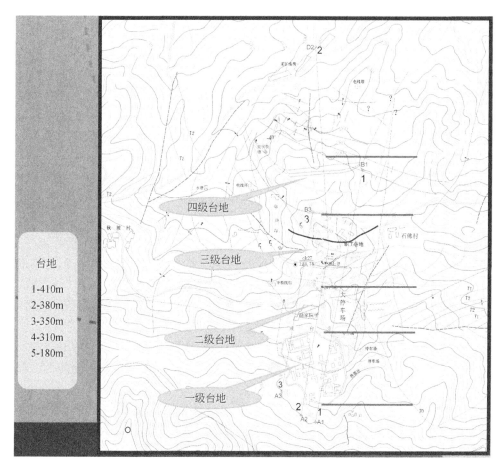

图5.3　戒台寺滑坡平面图

面、构造破碎带和黏土矿层或软弱夹层产生松弛变形，形成东西向的沟谷（和秋坡村洼地）产生的自然滑坡（群），在山梁两侧向东、西沟产生自然塌滑。戒台寺周围地区长期的采矿活动，人为地横向切割山梁，地下水的侵蚀和爆破地震波作用下，坡体就必然产生沿顺倾的层面（特别是黏土矿层和风化页岩）及构造结构面的蠕动与滑动的滑坡病害。

1. Ⅳ级平台山梁的坡体结构特征

该段坡体为戒台寺南北向山梁108国道以北山梁段，主要由下二叠统岔儿沟组和阴山沟组组成，下伏石炭系煤系地层。其岩性上部为灰色、灰绿色厚层状砂岩与薄层状粉砂岩互层，长石石英砂岩夹泥质粉砂岩；下部主要为灰色、深灰色细砂岩、粉砂岩、含砾砂岩和砾岩，夹煤线。底砾岩为灰色、灰白（风化呈黄色），一般厚 3～10m，较稳定，其砾石成分主要为燧石和石英岩。层厚 110～130m。底砾岩与石炭系 Γ3 黏土层呈整合接触。

据有关区域地质资料、煤矿开采资料和现场调查，石炭系地层含 3～5 层煤层（或黏土矿层），每层黏土矿层由页岩、黏土矿层、煤层或碳质页岩组成，层厚约 6～8m，煤层厚度为 0.7～2.0m。其中，Γ3 黏土矿层的煤层不稳定，在Ⅲ级平台 108 国道旁和山梁西侧近南北向冲沟的沟帮出露；Γ2、Γ1 黏土矿层的煤层稳定，煤层层底标高在平台北端铁栅栏处分别为 157m、122m，煤层厚度分别为 2.0m、1.5m。

二叠系在近东西向的构造应力作用和断层构造的影响下，发育小褶曲，褶曲舒缓，岩层产状为北东东向，倾向北，倾角在 20°～50°间；受后期北北东向构造作用影响，岩层中发育北北东向的褶曲，Ⅳ级平台段山梁为一北北东向向斜的西翼，地层表现为南西高北东低的特征。历经多期构造作用，岩石破碎，节理裂隙发育，岩体风化不均，风化程度差异较大。坡体内发育北东东向构造破碎带（F7）和近东西向构造结构面及层间错动带，近东西向的构造结构面（带）间距约 20m，F6 层间错动带系依附 Γ3 黏土矿层形成，为Ⅳ级平台坡体的南界。

该段山梁的坡体结构类型为石炭系软弱夹层（Γ3 黏土矿层）上覆厚层的二叠系下伏石炭系砂（页）岩层，软弱夹层的产状总体为北东东向，倾向北，倾角在 20°～50°。

山梁在其下部煤层被大量采空的情况下，坡体沿构造结构面和破碎带松弛，形成采空塌陷区。采空塌陷区的范围为整段山梁，西侧界为山梁西侧近南北向自然冲沟，其西侧的老秋坡村滑坡群，东侧界因岩层倾斜，煤层埋藏较深，上部岩层松弛变形相对较小，东侧沟槽靠近北北东向向斜的轴部，岩层顺倾挤紧部位，变形多为密闭，不易发现，但从 108 国道路面及其南侧沟和挡墙的变形裂缝的部位来看，采空塌陷区的东侧界应在沟槽的中心部位。采空塌陷变形坡体的厚度在 100～170m 间，平均厚度约 150m。坡体病害变形裂缝依附于北东东向构造结构面与层间错动带形成，贯通整个山梁（图 5.4～图 5.6）。

2. Ⅲ级平台山梁的坡体结构特征

Ⅲ级平台地段（108 国道至戒台寺下停车场北侧冲沟间的三岔路口地带）为马鞍山近东西向长轴山梁与戒台寺近南北向短轴山梁的结合部位；亦为二叠系与石炭系的接触地带，二叠系砾岩下伏石炭系 Γ3 黏土矿层，褶曲、断层和层间错动带（F6）发育（钻孔中 Γ2 黏土层重复出现），砾岩小褶曲和牵引挠曲现象严重，构造糜棱带发育。该段山梁地形变化较大，为垭口地段，发育有两个近东西向的冲沟。石佛村古香道为近东西向—北西西向的沟，经垭口跨 108 国道至西沟

图 5.4 Ⅳ级平台处裂缝

图 5.5 煤窑巷道

图 5.6 挖孔桩煤窑巷道支撑木

沿秋坡村谷槽南侧山坡脚一线，为同一近东西向断层或构造破碎带（F11、F5）部位，它被后期近东西向构造（F11）所改造和遭北北东向及近南北向构造所切割。断层 F11 将戒台寺近南北向山梁划分为南、北两单元。该段坡体的南侧界为 F4 构造破碎带，北界为层间错动带（F6）。

该段山梁主要由上石炭统灰峪组砂页岩夹煤层，下伏中石炭统清水涧组中厚层状砂岩、页岩、夹煤线或煤层。坡体内存在 2~3 个黏土矿层（Γ3、Γ2、Γ1 黏土矿层），为软弱夹层，在构造应力作用下，易产生层间滑移和滑脱现象，造成岩层厚度变化较大（在勘察深度范围内，页岩风化程度深，岩石大都为强风化，特别是黏土矿层中的页岩和碳质页岩，岩层全—强风化，呈土状，其渗透性差，为相对隔水层，岩层大都潮湿，甚至饱和）。该段山梁位于垭口地段，多期构造作用，岩层破碎，节理裂隙发育，风化层深厚，从钻孔揭露和 108 国道边坡及斜坡出露情况，除岩层小部分为中风化外，大部分岩层为全—强风化呈碎裂结构或散体土状。

该段山梁岩层受多期构造作用影响，坡体内断层、构造挤压破碎带和层间错动带发育，主要有 F4、F5、F6、F11 等，上石炭统中薄层状砂岩、粉砂岩及页岩、夹煤线或煤层，岩性软弱，岩层扭曲、揉皱严重，褶曲发育，次级褶皱带紧密，歪斜倒转。断层构造作用影响，小褶曲发育，牵引挠曲现象严重；逆冲断层作用，Γ3、Γ2 黏土矿层在钻孔中重复出现 2~3 次，黏土层的厚度变化较大，其产状较乱。下伏中石炭统中厚层状的砂岩、页岩、含砾砂岩夹煤线或煤层，岩性相对较硬，岩层受构造作用，褶曲相对舒缓，岩层扭曲轻微圆顺，Γ1 黏土矿层和软弱夹层揉皱现象较明显，层间错动带较发育。岩层产状相对稳定，倾向北，倾角在 20°~35°间。Γ1 黏土矿层的埋深为 60~120m。

该段山梁为垭口地段的断裂褶皱带，岩层褶皱强烈，断层、层间错动带、顺坡断层或构造结构面带发育。上部为上石炭统灰峪组砂页岩，岩层褶曲相对发育，扭曲揉皱严重，黏土矿层被错断、扭曲，呈多层出现，岩层产状变化较大。岩层破碎，风化层深厚，岩体呈碎裂结构或散体结构夹中风化砂岩硬块（或构造应力核），表现为多层多块的坡体结构构造特征。下伏中石炭统清水涧组中厚层状砂岩、页岩、含砾砂岩夹煤线或煤层，岩层褶曲相对舒缓，其顶部 Γ1 黏土矿层的产状相对稳定，近东西向，缓倾向北，倾角为 20°~35°。

该段山梁在坡体内 Γ2 黏土矿层的煤层被局部采掘和前部北端山梁因采煤形成采空塌陷区的条件下，坡体会沿 Γ2 黏土矿层、构造挤压破碎带、层间错动带发生松弛蠕动和滑动变形，以及沿 Γ1 黏土矿层、构造挤压破碎带等向临空的松弛蠕动变形。山梁的松弛变形深度受 Γ1 黏土矿层的埋深控制，深度为 60~120m。山梁松弛变形裂缝依附于构造挤压破碎带和近东西向陡倾的压扭性构造结构面生成，108 国道路面上的裂缝发育（图 5.7），裂缝间距一般为 10～20m，F5、F11 两断层间的Ⅲ级平台垭口地段为近南北向山梁松弛滑动变形的沉降变形带。

图 5.7　G108 国道裂缝

3. Ⅱ级平台山梁的坡体结构

Ⅱ级平台山梁地段包括画家院落所在山梁和戒台寺下停车场两部分，停车场系推平东侧一小山梁填筑而成，小山梁与画家院落山梁间发育一近南北向的冲沟。

组成坡体的岩层主要为上石炭统灰峪组中薄层状砂岩、粉砂岩及页岩、夹煤线或煤层、含砾粗石英砂岩，岩性相对软弱；下伏下石炭统清水涧组中厚层状砂岩、页岩、含砾砂岩。岩层破碎，节理裂隙发育，风化程度差异较大，砂岩风化较轻，中风化呈碎块状，页岩风化揉皱严重，强风化呈碎片状或土状，构成坡体的软弱结构层。上石炭统砂页岩地层，受北东东向断层 F3 和近东西向断层 F5 两者的控制，在北东向—北东东向逆时针力偶作用和后期北北东向构造应力场作用下，形成北东东向的紧密褶皱，甚而倒转，岩层扭曲，揉皱严重。陡倾构造结构面（带）、层间错动带和顺坡缓倾断层发育。陡倾构造结构面（带）多以密集剪性劈理带形式出现，具逆时针旋扭特征。岩层产状紊乱，以倾向北为主（画家院落前部缓坡一带浅部岩层缓倾向南），倾角变化较大。以北东（东）向断层 F3 为界，北侧至断层 F5 间为紧密褶皱带地段，岩层走向为近东西向至北西西向（108 国道南侧坡面出露），倾向北，倾角 40°～90°；南侧至 F2 断层间，褶曲舒缓，（钻孔 ZK1-2 孔揭露和下停车场东侧沟岩层露头）岩层产状相对稳定，岩层走向为近东西向至北东东向，倾向北，倾角 20°～45°。

Ⅱ级平台山梁从地形上分为停车场东块（小山梁）与画家院落西块山梁；画家院落西块山梁依据北东（东）向断层 F3 为界，山梁可分为前后两级坡体。

　　画家院落前级坡段为紧密褶皱带地段，岩层多扭曲，揉皱现象严重，陡倾构造结构面、层间错动带或顺坡缓倾断层发育；岩层破碎，页岩揉皱现象明显，强风化呈碎片或鳞片状，为坡体的软弱夹层；受北北东向构造作用影响，中石炭统岩层顶板具西高东低特征。

　　画家院落后级坡段及停车场东块（小山梁）组成岩层上部为上石炭统灰峪组砂页岩互层，下部为中石炭统清水涧组砂岩、页岩、含砾粗砂岩；上部岩层软硬相间，岩层破碎，页岩多具揉皱现象，风化较严重，节理裂隙和风化裂隙发育；下部岩层风化轻微，岩层相对完整。中石炭统岩层顶板具东西高中间低特征，应为北北东向短轴褶曲构造，钻孔 ZK3-2 处 Γ1 黏土矿层层顶标高为 347m（埋深 33.0m），钻孔 ZK2-4 处 Γ1 黏土矿层层顶标高为 324m（埋深 49.0m），钻孔 ZK1-1 处 Γ1 黏土矿层层顶标高为 336m（埋深 39.0m）。部分钻孔揭露坡体内含 2 层 Γ2 黏土矿层，系逆冲断层作用所致，错距约 9m，形成台坎，为坡体变形松弛的依附界面。

　　在其前缘坡体松弛滑动的临空条件下，画家院落前级坡体内陡倾结构面发育，坡体易沿陡倾结构面松弛张开，依附于软弱夹层（或层间错动带）和顺坡缓倾断层（构造破碎带）产生向北西（秋坡村洼地）的浅层松弛滑动变形，以及沿 Γ1 黏土矿层和软弱夹层产生向北的深层松弛蠕滑变形；画家院落后级坡段及停车场东块坡体上部上石炭统砂页岩易沿黏土矿层和软弱夹层产生多层的松弛蠕动和滑动变形。

　　4. Ⅰ级平台山梁的坡体结构

　　戒台寺Ⅰ级平台地段，梁顶平缓，坡面倾向东侧沟，地面横坡坡度约 20°。山梁组成岩层主要为上石炭统中薄层状砂岩、粉砂岩及页岩、夹煤线或煤层、含砾粗石英砂岩，岩性相对软弱；下伏中石炭统中厚层状细砂岩、粉砂岩、含砾砂岩及砾岩，夹煤线或煤层。钻孔揭露，戒台寺院范围内的上石炭统地层相对较浅，该层厚度为 13.7～40.0m，岩层破碎，节理裂隙发育，风化较严重。其中，厚层灰、灰白色含砾粗石英砂岩—底砾岩风化破碎呈灰黄色，强—中风化，其顶、底强风化层厚 0.3～2.0m；底砾岩上部砂页岩岩层风化严重，颜色以灰黄色、浅灰、褐黄色为主，呈强风化夹中风化砂岩碎块；下部 Γ1 黏土矿层以下岩层则风化轻微，颜色较深，以灰黑、深灰色为主，岩石较破碎，呈碎块或柱状。

　　因受下伏较硬基底的控制以及北东东向断层 F0-1、F2 和北北东向构造的影响，其近东西向压扭性构造结构面带和层间错动带（或缓坡断层）较发育，岩层中的次级褶曲轻微舒缓，岩层产状基本稳定，岩层走向为北西西向至近东西向（具逆时针旋扭特征），倾向北，倾角 20°～40°，局部地带有因断层或压扭性构造结构面带的作用影响，岩层揉皱、陡倾。

戒台寺 I 级平台山梁范围内存在 2~4 层软弱结构层（黏土矿层、层间错动带或缓坡断层、风化破碎带等），以及 3 条近东西向构造结构面带或构造破碎带（破碎带宽度一般为 10~20m），构造结构面带陡倾，具逆时针旋扭特征。戒台寺滑坡上部为上石炭统灰峪组砂页岩，下部为中石炭统清水涧组砂岩、页岩，含 2~3 层黏土矿层；上部岩层风化较严重，岩层破碎，节理裂隙和风化裂隙发育；下部岩层风化轻微，岩层相对完整。坡体的这种结构构造特征，上部坡体易沿软弱结构面松弛变形形成局部坍滑；特别是在后山采石爆破的地震波的频繁作用，坡体岩体松弛、裂面张开，表水易于下渗，岩土体强度变化较快，抗阻滑能力降低，在北部山梁因采煤塌陷产生松弛滑坡变形的条件下，坡体沿软弱结构层产生向临空（东侧沟和秋坡村石门沟方向）的松弛蠕动和滑动变形。滑坡依附近东西向构造破碎带形成 3 个变形沉降带：其一（F1 构造破碎带）位于滑坡后缘千佛阁、大雄宝殿至三门殿一线延至东沟；其二（F0-1 构造破碎带）位于真武殿、牡丹院、戒台寺管理处一线延至东沟；其三位于大悲殿北配殿、罗汉堂、财神殿、辽塔一线东延至东沟与断层 F2 相融。

5.2.2.2 南北向山梁的坡体结构与滑坡的规模

Ⅳ级平台山梁主要由下二叠统岔儿沟组和阴山沟组地层组成，下伏石炭系煤系地层，在 $\Gamma2$ 黏土矿层和 $\Gamma1$ 黏土矿层的煤层被大面积采空情况下，坡体沿构造结构面和破碎带松弛，形成采空塌陷区，采空塌陷区的范围为整段山梁，变形坡体的厚度为 100~170m，平均厚度约为 150m，东西宽约为 400m，南北长约为 200m。

I—Ⅲ级平台段山梁主要由中、上石炭统煤系地层组成，含多层矿层，岩层基本呈近东西向而倾向北。由于上石炭统岩质软弱，在后期地质构造逆时针力偶作用下，岩层扭曲、揉皱严重，褶皱紧密，甚至有倒转现象，构造结构面带或断层构造破碎带发育。中层状的硬砂岩或砂质页岩在近东西与近南北向构造作用力推挤下而生成了大量构造应力核，致使黏土矿层呈 2~3 层在同一钻孔中重复出现。特别是 $\Gamma1$ 矿层与 $\Gamma2$ 矿层间上石炭统厚 20~40m 的矿层以灰色（其构造裂面经过风化后成黄褐色条带）中薄层状的砂质页岩为主，泥质砂岩或页岩互层，一般岩性软弱，页岩或风化破碎严重的砂岩含膨胀性矿物（绿泥石、蒙脱石、伊利石等铝土黏土）为坡体内的软弱夹层，受水浸湿后可软化而丧失强度。故在采矿后易沿软弱夹层和黏土矿层生成多层蠕动与滑动。$\Gamma1$ 矿层为山梁松弛变形的控制底界。

Ⅲ级平台地段山梁为垭口地段的断裂褶皱带，岩层褶皱强烈，断层和构造结构面带发育。上部上石炭统灰峪组砂页岩，岩层扭曲揉皱严重，黏土矿层被错断、扭曲，呈多层出现。坡体会沿 Γ2 黏土矿层、构造挤压破碎带等产生松弛蠕动和滑动变形，以及沿 Γ1 黏土矿层、构造挤压破碎带等产生松弛蠕动变形。山梁的松弛变形深度受 Γ1 黏土矿层的埋深控制，深度为 60～120m，东西宽约 300m，南北长约 250m。变形体的体积约 $640\times10^4 m^3$。

戒台寺滑坡位于近南北向山梁的上单元 Ⅰ、Ⅱ 级平台部位，画家院落以南坡体的滑坡东西宽约 300m，南北长约 210m，滑坡厚度为 15～50m，平均厚度约 35m，目前已产生变形体的体积约 $200\times10^4 m^3$。滑坡后缘裂缝长大贯通，东侧界依附于东侧自然冲沟（依附于北北东向构造破碎带 F9 形成），西侧界位于近南北向（F10）的浅沟内，戒台寺往观音洞便道其上部浅沟内的羽状裂缝发育，便道以下（北侧）沟内未发现明显滑坡裂缝。

画家院落内西滑坡已达整体移动向大动过渡中，其前部 108 国道三岔路拐弯以西路段多处被剪断，西侧界下陷错台达 70cm，路面上出现明显的错坎，北侧路基下斜坡半坡（高程 320m 左右）出现局部坍塌与沉降变形，坡脚（高程 290m 左右一线）为秋坡村南侧沉降带（该带向东应延伸至垭口西冲沟，沟内灰黄色砂岩风化严重，酥软，潮湿；风化砂岩上部为破碎砂页岩层），其上坡体局部有沿黏土矿层松弛蠕滑的现象，应尽快治理与抢救（图 5.8～图 5.11）。

图 5.8　寺院西围墙开裂

5.2.2.3　戒台寺坡体病害变形现状和变形性质

1. 戒台寺与石门沟间斜坡变形情况

如前所述，戒台寺所在山梁的后部有浅层堆积层滑坡，Ⅳ级平台以北石门沟南有自然滑坡，东沟的西岸曾有坍塌，西沟的东岸及西岸至石门沟间有许多自然滑坡群（与采矿有关），即山梁西侧的秋坡村洼地发育了规模较大的滑坡群。

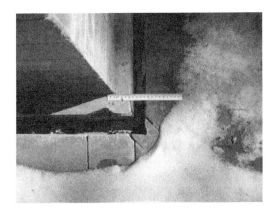

图 5.9　真武殿西南角被拉开

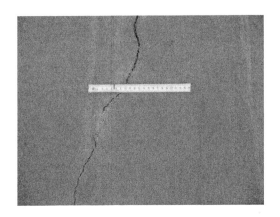

图 5.10　大雄宝殿墙壁裂缝

图 5.11　山门殿下挡墙裂缝

多年来的地下采矿和河沟下切，使戒台寺所在的山梁四周失去支撑，而导致山梁松弛，加之后山采石放炮的震动，南单元（Ⅰ级及Ⅱ级平台）上出现四级多层多块坡体的蠕动与滑动，北单元（Ⅲ级及Ⅳ级平台）支离破碎，特别是Ⅳ平台整个形成采矿塌陷区。Ⅰ级、Ⅱ级平台上的殿堂、房屋多处变形（图 5.12 和图 5.13），千百年的古松因坡体松弛失水而生长缓慢，甚至死亡。

图 5.12　秋坡村民房开裂（一）

图 5.13　秋坡村民房开裂（二）

2. 地面裂缝与斜坡（滑坡）变形的关系

目前，上单元的地面上已出现许多条有规律的地裂缝，其中贯通的深层下陷的大裂缝至少有 4 条，均依附于近东西向陡倾断裂（压扭性构造结构面带或构造破碎带）发育而成，使地面下沉并不断变形，危及戒台寺文物，已影响了许多殿房的安全，如大悲殿、牡丹院、大雄宝殿和辽塔等。各种向北蠕滑移动的地裂缝更是密集，几乎南北间距 10~30m 即有一条，使南北向的山墙生成许多竖向纵裂，随时都有倒塌的危险。

戒台寺平台病害体按照近东西向沉降带分三块，各块的蠕滑方向与其依附的地质构造相关，具逆时针旋扭特征，主要向北北东蠕动。画家院落平台病害体以下停车场近南北向沉陷带（原冲沟部位）分为东、西两块：西块以向北西（向西沟）滑动为主，其出口在西沟底以上，为整块滑动，已处于滑动向大动过渡中，是最不稳定的一块，应尽早抢救；东块向近北—北北东蠕动。

画家院子平台前缘（外国留学生林石碑）至108国道之间的后缘下陷裂缝密集而交叉，系受在前缘Ⅲ平台的地下采矿影响所致。108国道多处被剪断并下陷，最大的错台达70cm，且在三岔路口大拐弯以西路面上出现明显的错台，侧沟沟帮亦出现裂缝，108国道有浅层和深层向西秋坡村洼地滑动的可能。

108国道以北Ⅳ级平台，产生了12~13道贯通南北向山梁的裂缝，断层F7以北倾向南的反倾裂缝有7条（f7~f13），断层F6与F7间倾向北的裂缝有6条（f6~f1）。其中，Ⅳ级大平台的北端有3条倾向南的反倾贯通裂缝（f10~f12），形成明显的近东西向的塌陷带。此外，西侧洼地秋坡村内地面沉陷、房屋开裂严重，老滑坡已局部复活，在其前缘石门沟内可见滑舌已沿黑色黏土矿层处剪出。

戒台寺殿房及山墙等建筑群的各个建筑物均是为独立的浅基结构，在贯通的下陷裂缝不均匀沉陷下易于变形，同时宾馆许多客房如方丈院、牡丹院、上院、下院及餐厅等的下水道、上水管道以及房屋四周排水沟等排出的生活用水及雨水，在山体松弛的情况下集中下渗，亦造成许多局部长期沉陷，使房屋及地面变形复杂。

2005年年初的春融期间，戒台寺滑坡的变形逐渐增大，月蠕动量达40mm，严重威胁戒台寺文物的安全。

3. 戒台寺滑坡病害的性质

滑坡体主要由上石炭统（C_3）砂页岩组成，系因前部（Ⅳ级平台）采空塌陷造成（Ⅰ—Ⅲ级平台）向北顺倾的坡体松弛而蠕动乃至滑动的滑坡。它具多层、多级和多块蠕滑变形特征，目前滑坡处于蠕滑阶段，蠕滑方向总体近南北向—北北东向。但是画家院落的西滑坡系整体滑动。

4. 滑坡蠕滑面确定的依据

从所钻钻孔、探坑、试桩（2.4m×3.6m）均可见到软弱夹层（呈可塑状—软塑状），如砂岩（厚层）顶底强风化带、强风化页岩、碳质页岩与青灰黏土矿层及顺坡断层或层间错动带等，具揉皱现象，见光滑镜面，在工程地质断面图上分为浅、中、深层（滑动带、蠕滑带、蠕动带）（图5.14）。

5. 戒台寺滑坡的特点

滑坡自上而下出现了8道横切山梁贯通的变形带，108国道以北至第Ⅳ级台地间的裂缝变形以塌陷为主；进寺路口至戒台寺院间的变形带有的呈塌陷性质，

图 5.14　大悲殿处探坑滑动面滑动擦痕

有的呈牵引拉张性质。滑坡具多条、多级、多块和多层滑带的特征，故戒台寺滑坡是一产生在地质构造发育、地层岩性软弱、水位地质条件多变、地质环境恶劣和诱发因素等诸多条件下的大型破碎岩石滑坡（群）。

　　戒台寺滑坡具有显著的特殊性及复杂性。特殊性体现在滑坡具有多条、多级和多层滑动带，非单一滑坡，是一个滑坡群，而且滑坡群之间有相互依赖关系。复杂性表现在以下几个方面：构造发育褶曲多，岩层多含揉皱，致使岩体相当破碎；岩层顺倾不利于稳定，属易滑结构的坡体；含煤系地层，具有岩性差的易滑地层为不良地质区；变形复杂零乱，其采空区塌陷与滑坡变形交织在一起，且各滑块之间由于蠕动、滑动方向不同也产生一些交叉变形（图 5.15 ~ 图 5.17）；诱因多，采煤、采矿、放炮、生活用水泄漏及洪涝灾害等均可能构成诱发因素。戒台寺滑坡具有特殊的非典型性（表 5.2）。

图 5.15　试桩揭露 2m 深处的滑动面

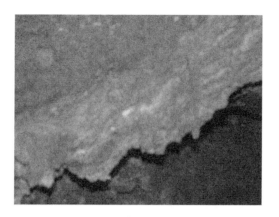

图 5.16　试桩揭露 33.5m 深处的滑动面

图 5.17　试桩揭露黏土矿物镜面及擦痕

表 5.2　戒台寺滑坡与典型滑坡对比表

	典型滑坡	非典型滑坡
滑坡出口	出口明显，滑坡出口微地貌特征明显，具有前缘鼓胀裂缝，可以找到滑带土；具有临空面，沿着主临空面滑动	无明显滑坡出口，以断层或者构造破碎带为滑动的前缘挤密条件，控制着滑坡的滑动变形，提供变形的地质基础；有临空面，依附于构造发育的自然沟谷
滑动性质	牵引式或推移式，滑坡性质简单，易于查证	具多条、多级、多块和多层滑带的特征，各滑面（带）不贯通，没有统一的滑面（带）
滑动带（面）	滑面（带）连通（抗滑段、主滑段、牵引段），具有统一的滑带，滑带物质基本相同，变形性质单一明确	滑面（带）呈多层出现，各层的变形性质不尽相同，浅层以滑动为主（局部范围有塌陷），深层以蠕滑、蠕动为主

	典型滑坡	非典型滑坡
滑动方向	基本一致，沿着有利的临空方向变形移动	滑动方向不一致，主滑断面基本呈北北东方向，局部坍滑呈北西方向，采空塌陷区滑动方向凌乱
运动形式	整体沿着滑面向临空方向移动，顺层或者顺坡	分块蠕滑，各自的蠕滑不同步，各块的滑动速率也相差较大，有的块体向临空滑动，有的向采空松弛区滑动，有的向断层或构造破碎带缓慢蠕动。以顺层为主，在构造应力核部位切层
滑体变形	周界清晰，前后缘及侧界变形特征明显	滑坡周界变形特征不明显，采空塌陷与滑坡变形相交织
滑坡地质条件	地形地貌、地层岩性、结构构造、地下水的分布及其变化规律等条件清楚，查明容易	以沙页岩为主，含煤系地层，构造格局和次序复杂，构造十分发育，断层和大量构造带交织，地层褶曲多导致矿层发生倒转，地下水的分布及变化规律复杂多变
滑坡的诱发因素	人工挖填方，地质条件差，在自然降雨等条件下发生	诱因多，采煤、采矿、放炮、生活用水泄漏及洪涝灾害
滑坡危害	危及道路、桥梁等公共设施及人民财产安全	损坏了国宝级文物，危及道路和周边几百名村民的生命财产安全

5.2.3 戒台寺滑坡形成机制分析

5.2.3.1 采矿对戒台寺斜坡稳定性的影响

明、清以来对矿层的开采，已造成山梁松弛。近百年来，采矿活动的持续不断和强度加大，使坡体逐年加速松弛而稳定性降低。尤其是近十几年来，随着采矿规模的扩大，对山体的扰动进一步加剧。据现场调查和有关资料反映，戒台寺周边的规模较大的采矿场达七八家之多，采矿区域逐年向戒台寺逼近。

马鞍山南侧首钢采石场及东侧石佛村采石场的大药量爆破产生的震感较强，其强度据称相当于Ⅴ级或Ⅵ级地震；东侧石佛村青灰矿塌陷带，向西已至戒台寺东沟第Ⅱ、Ⅲ级剥蚀平台（松林墓地）地带；南北向短轴山梁的前部北单元的大量开采煤层，业已进入Ⅲ级剥蚀平台地段—108国道以南，南单元的前缘从钻孔中已发现曾经采矿后山体破坏的迹象（ZK2-6、ZK3-3内均发现有支撑木棒）。

自2004年雨季以来，戒台寺院内的地面及部分殿堂原有裂缝开始明显增大。同年9月份在千佛阁复建开挖地基时，发现了一道长大地裂缝从东北角穿过。此裂缝从西围墙进入分别穿过大悲殿→真武殿→牡丹院→千佛阁遗址→大雄宝殿→伽蓝殿→鼓楼→山门殿后，经停车场达东侧自然沟，最宽处达 200mm，最窄处仅有 5mm，长约 300m。裂缝所经之处，建筑物（生活用水管道、排水沟渠等）已出现局部下沉或拉裂。

5.2.3.2 煤矿开采对戒台寺南北向山梁稳定性的影响

1. 采空区地面塌陷机理

矿层采空造成地面塌陷的机理主要有三种，一是采空区安全顶板厚度不够，采空区引起顶板坍塌冒顶后造成地面塌陷；二是地面采空区引起地下水位下降造成上覆土体失去顶托后发生地面下沉；三是地下大面积采空后，矿层上部失去支撑，岩体自下而上产生变形，最终在地面形成下沉变形的移动盆地。一般来说：前面两种塌陷机理发生在开采煤层埋深浅、开采规模不大的小型煤矿；后一种主要发生在煤矿规模大、埋深大且地下大面积采空的大型煤矿。

根据上述采空区地面塌陷机理，对于胜利、石厂煤矿采空区进行稳定性分析。

根据所提供的煤矿资料，采煤巷道埋深为 80m（巷道标高为 120～157m），煤层上覆地层地下水较丰富，主要类型为基岩裂隙水，因此，地下采空区引起地下水位的下降，虽不致造成上覆岩土体失去顶托而发生的地面下沉，但岩层因失水收缩而产生地面下沉，特别是在断层破碎带部位，地下水位下降较大，岩层失水收缩变形较大，产生局部沉降变形带，是秋坡村地面开裂、居民房屋裂缝产生的原因之一。煤矿采煤巷道在井口和通风坑口附近存在局部地面塌陷变形。

2. 地面采空塌陷变形及塌陷范围的确定

1）地面采空塌陷变形

地下大面积采空区在地表可能形成较大范围的采空塌陷变形——移动盆地。不产生移动盆地的安全开采深度可根据工程地质手册中的公式计算。其计算安全开采深度公式为

$$H = K \times M$$

式中，K 为根据建筑物类别及煤层倾角确定的安全系数，根据《建筑物、水体、铁路及主要井巷煤柱留设与压煤开采规范》（以下简称《规范》）第 14 条规定，村庄民房属三级保护建筑物，煤层倾角据资料为 20°～45°，确定 $K=125$，煤层厚度平均 2m，则安全开采深度为

$$H = K \times M = 125 \times 2 = 250 \ （\text{m}）$$

根据上述计算的安全开采深度，胜利、石厂煤矿开采深度小于 250m（戒台寺南北向山梁Ⅳ级平台处开采深度为 180m、140m），会在地表形成显著的移动

盆地。

综合以上分析认为：胜利、石厂煤矿开采深度较浅，虽安全顶板足够，采煤巷道不会因顶板冒顶而引起地面塌陷和下沉；但大面积采空区会在地表形成显著的移动盆地。

2）地面采空塌陷变形范围

根据《规范》，采用垂线法计算保安煤柱和采空塌陷变形范围。

根据《规范》第 14 条规定，村庄民房属三级保护建筑物，第 17 条规定，三级保护建筑物维护带宽度留设 10m。

根据《规范》第 20、21 条规定，按下式计算：

$$\cot\beta' = \sqrt{\cot^2\beta\,\cos^2\theta + \cot^2\delta\,\sin^2\theta}$$

$$\cot\gamma' = \sqrt{\cot^2\gamma\,\cos^2\theta + \cot^2\delta\,\sin^2\theta}$$

$$q = \frac{(H-h)\cot\beta'}{1 + \cot\beta'\cos\theta\tan\alpha}$$

$$l = \frac{(H-h)\cot\gamma'}{1 - \cot\gamma'\cos\theta\tan\alpha}$$

式中：γ、β、δ——分别为上山、下山，走向的岩层移动角；

γ'、β'——基岩内侧斜交剖面上山、下山方向移动角；

θ——维护带边界与煤层倾向线之间所夹的锐角；

h——松散层厚度（m）；

H——煤层到地表垂深（m）；

q、l——煤柱在煤层上山方向、下山方向垂线长度（m）；

α——煤层倾角。

根据有关煤矿资料和勘探资料，胜利煤矿和石厂煤矿煤层的层底标高为 120～175m，（开采红线范围）煤层倾角一般为 20°，局部（南侧和西侧秋坡村方向）为 25°～45°；西部煤层的垂线高度为 60m，南部垂线高度为 140m、180m；取 $\gamma = \beta = 65°$，$\delta = 40°$，$\theta = 0°$；松散层厚度约 5m，煤层倾角 $\alpha = 20°$；计算结果，西部秋坡村垂线长度为 34m，108 国道北部垂线长度为 78m、102m。

通过以上垂线长度的计算，加上道路村庄维护带宽度 10m，秋坡村东部应留设煤柱宽度 44m，108 国道北部应留设煤柱宽度 88m、112m。

南北向山梁采空塌陷变形的南边界距煤矿开采红线距离为 80～100m，即 108 国道附近，故 108 国道以北Ⅳ级平台整个为采空塌陷变形区。

根据搜集的开采资料，并结合现场对煤层分布的调查，经计算，胜利煤矿在规定的开采红线范围内采掘 Γ1 层煤层的情况下，煤矿留设安全煤柱基本满足秋坡村东部保安煤柱要求；石厂煤矿在规定的开采红线范围内采掘 Γ1 层煤层的情况下，煤矿留设安全煤柱基本满足 108 国道北部保安煤柱要求。

秋坡村村民房屋裂缝、洼地边缘的沉降带的形成原因主要是胜利煤矿的大规模开采后，大面积采空区在地表形成了范围较大的移动盆地——采空塌陷带，导致地下水位的下降，2004 年雨季，在暴雨因素的触发下，引起秋坡村老滑坡群的局部复活。

戒台寺南北向山梁 108 国道以北坡体因胜利煤矿和石厂煤矿的大面积采空区形成范围较大的采空塌陷带，引起南部山梁沿向北顺倾的软弱构造结构面（带）的松弛变形而形成多级多块的戒台寺滑坡病害。

5.2.3.3　周围矿层开采爆破对戒台寺山梁稳定性的影响

人工爆破对滑坡稳定性的影响表现为积累和触发两方面效应。爆破对滑坡的稳定性不仅与震动强度有关，也与震动的次数有关，煤矿和石灰石开采过程中频繁的小震对滑坡的累进性破坏起着一定的作用。震动使滑坡岩土体的抗剪强度降低，在震动的反复作用下，岩土体结构容易遭受破坏，并沿着斜坡的软弱结构面或裂隙、节理面向下滑动。爆破地震波对岩土斜坡的作用可通过破坏岩体、爆破损伤与渗流祸合作用、触发水膜化等改变坡体稳定性，甚至使之失稳。炸药爆破时，将一小部分能量转化为地震波，从爆炸源以波的形式经岩土介质向外传播，引起斜坡周围的岩体的震动。这部分能量占总能量的比例因介质性质不同而异，一般岩石中约为 2% ~ 6%。这种震动的强度随着离爆破源距离的增加而减弱。然而在爆区的一定范围内，当震动的强度达到一定数值时，将会对斜坡的稳定性产生不良的影响。这种不良的影响主要表现在以下三个方面：

其一，爆破荷载使岩石中的剪应力增加，使原生结构面和构造结构面扩展，并产生次生结构面，从而影响了斜坡的整体稳定性；

其二，爆破震动荷载使地下水状态发生改变，使已存在的软弱夹层或潜在滑面处介质的含水量和瞬时水压力（渗透压力）发生改变，这将直接或者间接地影响到滑面处的阻滑能力；

其三，坡体受到频繁爆破作用的影响，爆破产生的地震波使处于爆破影响区的岩体受这种动荷载的重复作用，其强度及其变形特性会显著降低。

对坡体前缘煤矿开采和后山石灰石矿的开采时的爆破的实地调查表明：煤矿爆破规模虽较小，但因采掘深度较浅，秋坡村居民房屋震感较强，爆破震动能量对秋坡村洼地及戒台寺南北向山梁Ⅲ、Ⅳ级平台坡体的影响较大，使依附于断层破碎带或构造结构面形成的滑移裂面进一步扩大，雨水易于下渗，在动荷载的重复作用下，加剧坡体的松弛蠕滑变形。马鞍山南侧的首钢采石场采用大药量的松动爆破开采，戒台寺建筑物震感很强，爆破震动能量对戒台寺南北向山梁的影响较大，其频繁的作用影响，使坡体内的构造结构面扩展松弛张开，为雨水和寺院生活用水下渗提供了有利条件。坡体内地下水的循环作用加强且日趋强烈，矿层的强度及其变形特性会显著降低，戒台寺南北向山梁在前部松弛滑动的情况下，坡体沿软弱结构面产生蠕动和滑动变形。

5.2.3.4　滑坡的发生和发展机理

如前所述，当地矿层的走向基本近东西向，倾向北，在近南北向压扭断裂的附近，则被扭曲。由于近东西向逆冲断层倾向北，它与层间错动带在受后期近南北向、倾向东的压扭断裂的作用下，使中石炭统地层以上的上石炭统以砂质页岩为主、砂页岩互层的岩层，曾产生过剧烈的揉皱褶曲甚至倒转，也形成了许多以砂岩为主的有规律分布的构造应力核（麻土华等，2014）。

坡体的结构构造特征表现为，构造作用将同一层矿层变陡，并由北向南逐段上升，形成阶梯状台坎，矿层及软岩则将构造应力核包裹（形成构造破碎带）。

胜利煤矿和石厂煤矿的大规模采掘Ⅳ级平台山梁下煤层，形成采空移动盆地，造成Ⅳ级平台山梁整体塌陷，引起戒台寺南北向山梁Ⅰ～Ⅲ级平台坡体依附于断层破碎带或软弱夹层的松弛。受采石场大药量松动爆破的地震波的频繁作用影响，坡体内的构造结构面扩展松弛张开，地表水易于下渗，矿层中的软弱结构面强度及变形特性会显著降低，导致坡体产生蠕动和滑动变形。

坡体的松弛变形，在构造应力核处（构造结构面带或断层破碎带），沿矿层滑动的滑体可形成上下两层与前后两级，在前级和下层蠕动与滑动后，后级和上层滑体可因失去支撑而自行蠕动与滑动。后级及上层滑体则可成为另一单独滑块，在移动挤紧前级滑坡和其后缘牵引的陡壁之后方可停止蠕动与滑动。

各级滑坡的后缘陡壁都是依附于原近东西向、向北倾的冲断层生成，所有滑体上的各组地裂缝均为依附于原坡体内陡倾裂面生成，但其蠕动及滑动的方向并非一定垂直地裂缝，它与地下采矿的部位、采空区的形态以及坡体内向北松弛的构造带等有关。戒台寺滑坡发展示意图见图 5.18。

5.2.3.5　滑坡产生原因

（1）马鞍山为一背斜轴，戒台寺滑坡病害处于背斜的北翼，岩层产状基本上呈近东西向而倾向北，其倾角由南向北逐渐变缓（上陡下缓），在马鞍山北坡约60°，倾角40°左右，寺院及画家院子平台倾角30°～25°，缓坡平台及大平台倾角20°～15°，再向北抵石门沟（当地最低侵蚀基准）已是向斜轴部。受后期构造作用的影响，特别是北北东向或近南北向的构造作用，主要河沟均依附上述两期构造发育而成。

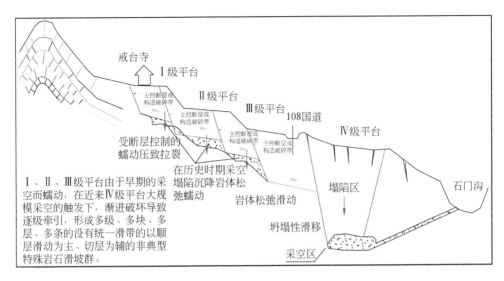

图 5.18　戒台寺滑坡发展示意图

（2）戒台寺滑坡病害体位于近南北向短轴山梁上，其后山为近东西向长轴山梁。后山由奥陶系块状灰岩组成，在长期大爆破采石中，逐渐向戒台寺逼近，其震动加速已松弛的短轴山梁进一步变得松弛，促使滑坡坡体变形加速发展，为滑坡病害体形成的因素之一。应该限制其开采范围和一次性爆破的用药量。

（3）寺院所在短轴山梁四级平台基本上是剥蚀形成的，仅凸出的山梁两侧承受东、西两侧沟自然下切（向沟产生坍滑）而使短轴山梁逐渐单薄；西沟（秋坡村洼地）因前沿沟谷下切已产生规模较大的滑坡群，向下方石门沟滑动（此西沟滑坡群的局部复活也与当地的采矿有密切关系）；东沟靠山梁一侧产生局部坍塌，促使山梁自Ⅱ级平台前缘以下（北单元的后部）形成了 2 个垭口，两垭口均以东西向逆断层为基础。

（4）东西两沟的自然发育与切割削弱了南单元的山坡支撑，它是南单元（Ⅰ、Ⅱ级平台）山体松弛的基础与根本原因。

（5）坡体自然松弛在逐年增大，特别是近年戒台寺开放为旅游景点以后，大量生活用水在松弛条件下逐渐下渗，也助长了寺院内房屋及地面变形，有必要细致而有区别地逐一治理。

（6）戒台寺滑坡病害所在的短轴山梁下含有 4～5 层矿层，矿层主要为青灰黏土矿（用于烧制琉璃瓦及耐火材料）、煤或碳质页岩。自明、清以来，对矿层的开采早已造成梁体的松弛，并多次产生数条地裂缝。据碑文记载，历代曾多次明令禁止采掘，事实上采矿是促成山梁不断变形的主因。尤其是改革开放以后大量采掘Ⅲ、Ⅳ级平台以下的矿层，并已进入二级平台之下的矿层，使山体向地下已采空的临空面变得松弛而产生蠕动。

（7）山体松弛后促使地表水、生活用水与自后山沿顺坡断裂带与层间所含的地下水向下集中，特别是在每年秋冻、春融的地温循环时产生的水汽可大范围地浸软各黏土矿、风化破碎严重的页岩，使含水量达可塑乃至软塑，故在当前岩层向北倾斜 15°～35°条件下即可产生蠕动与滑动。

（8）由于二叠系不含矿层，其下伏的石炭系含矿，矿位在地下埋藏甚深，据有关资料反映，煤层在第Ⅳ级大平台处埋深 150～180m，标高在 120～160m。在地层南西高而北东低的条件下，各采矿洞可从西侧沟底以上横切山梁进洞直接开采，造成南北向山梁北单元松弛，坡体产生沉陷变形。

5.2.4　戒台寺滑坡综合治理方案

5.2.4.1　应急抢险方案

该方案是在戒台寺外围 4 个重点部位设置了预应力锚索地梁及锚索墩群，快速控制滑坡变形，共设计 109 孔锚索。锚索工程施工速度较快，对地层扰动少，适合于抢险[①]。

5.2.4.2　保寺方案

保寺方案以保护戒台寺为宗旨，戒台寺所在的山梁已产生严重松弛，地层条件越往南越好，越往北越差，故支挡锚固工程均布置在戒台寺北围墙以外斜坡坡脚一线。

1. 固脚

在寺院北围墙外的斜坡坡脚一线及大停车场南侧挡墙部位，布置一排预应力锚索抗滑桩，共计 36 根。根据 3 个断面推力及滑带深浅情况将抗滑桩分成 4 种类型。

MZ1 型抗滑桩 17 根，桩身截面为 2.0m×3.0m，桩长 50m。桩头设 4 孔预应力锚索，每孔锚索由 8 根 Φs15 钢绞线组成，孔径 Φ130mm，内注 M30 水泥砂浆。桩头布置上下两排锚索，上排锚索长 45m，倾角 30°，下排锚索长 43m，倾角 34°，桩坑护壁厚 0.20m，抗滑桩长轴方向 NE15°，桩间距 6.0m。

MZ2 型抗滑桩 8 根，桩身截面为 2.4m×3.6m，桩长 58m。桩头设 6 孔预应力锚索，每孔锚索由 8 根 Φs15 钢绞线组成，孔径 Φ130mm，内注 M30 水泥砂浆。

---

① 中铁西北科学研究院. 2006. 北京戒台寺滑坡总结工程地质报告。

桩头布置上、中、下三排锚索，上排锚索长 57m，倾角 22°；中排锚索长 57m，倾角 25°；下排锚索长 56m，倾角 28°，桩坑护壁厚 0.25m，抗滑桩长轴方向 NE15°，桩间距 6.0m。

MZ3 型抗滑桩 11 根，桩截面为 2.4m×3.6m，桩长 48m。桩头设 6 孔预应力锚索，每孔锚索由 8 根 Φs15 钢绞线组成，孔径 Φ130mm，内注 M30 水泥砂浆。桩头布置上、中、下三排锚索，上排锚索长 51m，倾角 30°；中排锚索长 48m，倾角 33°；下排锚索长 46.5m，倾角 36°，桩坑护壁厚 0.25m，抗滑桩长轴方向 NE15°，桩间距 6.0m。

MZ4 型抗滑桩 2 根，桩截面为 2.4m×3.6m，桩长 50m。桩头设 4 孔预应力锚索，每孔锚索由 8 根 Φs15 钢绞线组成，孔径 Φ130mm，内注 M30 水泥砂浆。桩头布置上、下两排锚索，上排锚索长 45m，倾角 30°，下排锚索长 43m，倾角 34°，桩坑护壁厚 0.25m，抗滑桩长轴方向 NE28°，桩间距 6.0m。

2. 治水

截排寺院南围墙以外山体洪水，防止山洪进入寺院内漫流；修复和完善寺内、外地表排水系统；修补和更换寺内上水、下水及供暖管道，修筑一道钢筋砼地下暗沟，将管道置在其中，即使将来下水管道破裂，还有暗沟可以排泄，防止生活用水渗入地下。

3. 裂缝注浆

对寺院内四道下陷裂缝带及建筑物局部变形过大的沉降带，进行注浆充填，防止其自然挤密过程中，建筑物产生过量变形而破坏。

4. 寺内挡墙局部加固

对电工房、关公殿、观音殿、真武殿及方丈院等建筑物临空侧的挡墙进行锚拉加固，这些挡墙大都是块石干砌而成，侧向承压力有限，目前挡墙外倾，墙顶建筑物出现不同程度的变形。为保护这些建筑物，有必要在挡墙处设置预应力锚索框架、锚索地梁或锚索墩进行局部锚拉加固。

5.2.4.3 保路方案

该方案不仅保护戒台寺，还要保证 108 国道及进寺路畅通，除了保寺工程以外，还需要补充一些工程措施。由于该方案以保路为主，对 108 国道以北的滑体则放弃处理，由于 108 国道附近断层极为发育，也靠近采空塌陷区，地层破碎，岩体风化严重，稳定地层相当深，在此处做抗滑桩需要埋置很深，很不经济，故对 108 国道以北滑坡体放弃治理是明智的。

（1）在 108 国道三岔路口以西至水管断裂处（民政局绿化林石碑），在公路内侧陡坡上设置一道预应力锚索框架，每根梁上三孔锚索。在路外侧斜坡上设置一道预应力锚索框架，竖梁及框架梁截面均为 0.6m×0.7m，竖梁间距 3m，每根竖梁上布设 3 排锚索，锚索由 8 根高强度低松弛钢绞线组成，长度 40～55m，锚固段均为 12m，嵌入基岩 12m。旨在阻止浅层和中层滑动，确保 108 国道在此段畅通。

（2）在 108 国道去石佛村入口至三岔路口之间路内外侧的斜坡上，设置二道预应力锚索框架梁，旨在稳定该段公路路基。框架梁截面尺寸均为 0.6m×0.7m，竖梁间距 3m，每根竖梁上布设 3 排锚索，锚索由 8 根高强度低松弛钢绞线组成，长度 50～60m，锚固段均为 12m。

（3）对进寺路几个路面下陷带和裂缝进行压浆处理，确保路面平顺。

5.3　向阳口东河沟泥石流

5.3.1　向阳口东河沟泥石流沟地质特征

向阳口东河沟位于龙庙沟下游的沟谷，沟口位于永定河附近，沟口有村庄。因此，向阳口东河沟若暴发泥石流将有可能对村庄造成直接威胁。以下根据现场地质调查的现象，就向阳口东河沟的总体特征、形成区、流通区、堆积区以及流体特征几个方面叙述如下。

5.3.1.1　沟谷特征

为了较直观地了解向阳口东河泥石流沟的总体特征，根据 1∶10000 比例尺的地形图在 MAPGIS 平台制作了数字高程模型（digital elevation model，DEM），根据 DEM 可以方便地绘制出向阳口东河泥石流的小流域范围，以及流域范围内的主沟与各级支沟的分布与流向的 DEM 图（图 5.19）。

向阳口东河沟的主要参数如表 5.3 所示。

表 5.3　向阳口东沟流域几何特征参数表

流域面积 S1/km²	5.58	流域最大相对高差 S3/m	1027
主沟直线长度/km	2.918	主沟曲线长度 S2/km	3.059
主沟弯曲系数 S7	1.048	主沟平均比降/%	11.6
流域内沟谷总长/km	7.379	流域切割密度 S6/（km/km²）	1.322
流域分水线长度/km	7.742	流域形状系数	1.164

图 5.20 给出了向阳口东河沟流域的平面展布特征，由图 5.20 可以看出向阳口东河沟在平面形态上呈不规则的三角形，主沟总体流向近东西向，其中上游走

图 5.19 向阳口东河沟 DEM 图

向约 280°，近沟口处发生向南偏转，方向约 230°，流域轮廓整体较为平滑。流域周边主要是连绵分布的基岩构成的高陡山体。

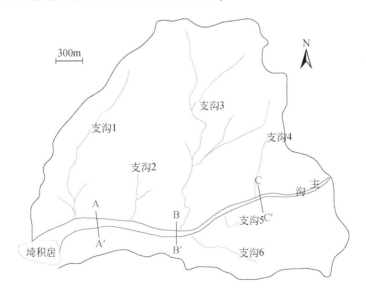

图 5.20 向阳口东河沟泥石流平面图

流域内上游沟谷宽度较大，介于20~30m，下游沟谷宽度很大，沟口处宽度达到60~70m，泥石流主沟的左侧发育有2条支沟，右侧存在4条一级支沟，一级支沟下发育有个别规模很小的二级支沟；堆积区位于向阳口村，南侧临近永定河，向阳口村建立在堆积区上，已经对堆积区做了很大的改造，但仍可见呈椭圆形堆积扇，长轴方向大约为110°，长轴长约394m，短轴长度约为260m，边界较为圆滑，其堆积扇前缘已经到达永定河河岸，并发现堆积扇有挤压永定河道的迹象。且由于该沟口是向阳口村，同时又是永定河大转弯处，若发生泥石流，可能会对生命财产及河流的流通造成一定影响。流通区内各支沟的地形特征参数详见表5.4。

表5.4　向阳口东河沟支沟地形特征参数表

支沟编号	位置	沟长/m	最高点/m	最低点/m	平均坡降/%	距主沟沟口距离/m
支沟1	右侧	1668	1110	387	48.099	230
支沟2	右侧	752	830	454	57.735	782
支沟3	右侧	1964	1030	490	28.597	1335
支沟4	右侧	583	936	570	80.653	2158
支沟5	左侧	379	616	517	27.061	1827
支沟6	左侧	624	715	489	38.856	1421

5.3.1.2　形成区特征

根据对研究区内各沟的现场调查，北京市门头沟区的多条沟谷皆存在多条支沟，泥石流物源主要为山体崩坡积物以及煤矸石堆，其中各支沟与主沟的山坡上的崩坡积物前形成时间较早、固结程度较高，基本未见有新生成的滑坡、崩塌等松散堆积物。此外，各支沟与主沟内的煤矸石堆规模和土方量不一，即形成区物源以煤矸石堆为主，其次为崩坡积物。针对研究区的情况，本书所描述的形成区仅以主沟形成区为主，各支沟的形成区，没有特殊的情况，即除了有松散物源的进行专门描述之外，各支沟的形成区均归入各支沟的特征来描述，物源分布见表5.5。

表5.5　向阳口东河泥石流形成区物源分布特征一览表

野外编号	物源性质	近似形状	分布面积/×10³ m²	平均厚度/m	估算公式	估算方量/×10³ m³	现状稳定性
Ⅲ-XY-9	崩坡积	长条带	1.4	1.5	$S \times H$	2.1	较不稳定
Ⅲ-XY-9.12	崩坡积	长条带	0.18	4	$S \times H$	720	稳定

向阳口东河沟主沟形成区的主要特征如下：主沟形成区汇水面积较大，有较强的汇水能力，后缘边界近似矩形，地形坡度较陡，植被覆盖很好，有大量的灌木及杂草，形成区内山峰陡崖为坚硬的基岩，陡崖之下有少量早期形成的崩坡积物，这些崩坡积物固结良好，厚度 2 ~ 3m，形成区终点局部可见黄土覆盖，黄土覆盖的可见厚度 1 ~ 3m。固结良好的早期崩坡积物形成的地形较平缓且植被覆盖较好，稳定性程度良好。陡崖之下存在零星块石，其物源量非常之小，且远离主沟。总体来看主沟形成区内基本没有可为泥石流提供松散物源的不稳定堆积体。

主沟形成区段长度大约为 713m，主沟在形成区段的纵坡降大约为 17.7%，沟床坡度达 16°，沟床宽度为 10 ~ 20m，下切深度为 3 ~ 4m。在形成区终点的尽头，主沟岩体剖面自上而下可见残坡积覆盖层、崩坡积物以及下伏基岩，见图 5.21，残积土层能见厚度可以达到 3 ~ 4m；下伏基岩存在侵蚀迹象，有溶洞现象产生，见图 5.22。

图 5.21 主沟形成区岩体剖面形态

5.3.1.3 流通区特征

如前所述，流通区主要包括主沟以及各支沟，因此，本节将分别介绍主沟、支沟（按图 5.20 所示的顺序来描述）。

1. 主沟

向阳口东河沟主沟纵长约 3059m，沟源最高点高程为 723m，沟口高程为 372m，总体坡降约为 11.55%，沟道整体上可分为两段：形成区段和流通区段，在平面形态上主沟流向总体上呈南西西向，其纵剖面图见图 5.23。

图 5.22　基岩受侵蚀形成"溶洞"

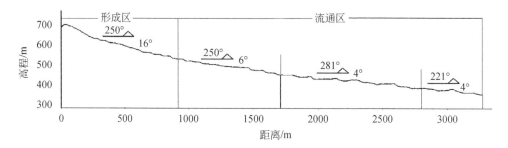

图 5.23　向阳口东河沟主沟纵剖面

　　流通区段长度约为2285m，主沟在流通区段内的纵坡坡降明显变缓，流通区内总体坡降为9.8%，沟床坡度约为4°～6°，沟床宽度为20～70m，其中上游宽度较窄一些，向下游逐渐变宽，在沟口处达到65.5m，主沟流通区下切深度为0.3～3m，自上游向下游切割深度逐渐变小。图5.24为流通区终点位置。

　　为了更好地了解向阳口东河沟泥石流的流通区特征，对向阳口东河沟的流通区进行高程剖面分析，横剖面位置如图5.25。

　　图5.25为向阳口东河沟主沟下游横剖面，主沟下游沟宽65.5m左右，下切深度较小，小于50cm，主沟下游区段沟型宽阔平坦，有大量泥石流物质堆积，这些堆积物主要是先期泥石流堆积物，块石含量达到50%以上，磨圆度好，块

图 5.24   主沟流通区终点向下游拍全貌

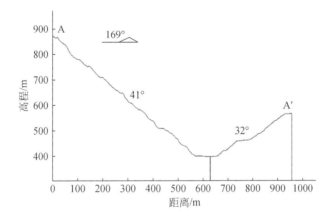

图 5.25   向阳口东河沟主沟下游横剖面 A-A′

石之间密实充填有细颗粒，固结程度良好，并且局部有人为改造的痕迹，见图 5.26。

主沟下游区段左岸坡面较陡，坡度约 30°，可见其坡体的特征是下部由大小混杂的无磨圆的先期泥石流堆积体构成，胶结好，稳定性好，厚度约 6m，其上为黄土层覆盖，黄土层可见厚度很小，表面植被覆盖一般。

图 5.27 为向阳口东河沟主沟中游位置的横剖面，流通区主沟中游沟谷断面近似呈宽缓的"V"字形，沟谷底宽约 40m，主沟左右两侧坡面均较陡，在主沟距离沟口约 1300m 处，可见沟底和右坡面基岩出露，并发育有三组节理，测得其产状分别为 45°∠10°（岩层面），183°∠87°，285°∠90°，见图 5.28。

综合主沟流通区段两岸下部和上部的物质特征来看，流通区下部的先期泥石

图 5.26　主沟下游先期泥石流堆积

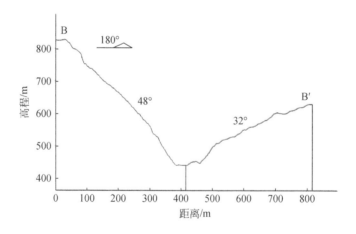

图 5.27　向阳口东河沟主沟中游横剖面 B-B′

流是大规模分布的，也就是说早期这里可能雨水丰沛，基岩岩体在卸荷作用下裂隙发育，可见岩体的柱状节理明显，崩塌较多，崩塌物源丰富，在山前堆积下来，形成了早期的先期泥石流，这些先期泥石流覆盖在基岩上，形成了目前的地貌特征。流通区右岸岩壁风化程度高，属于中强风化，岩体崩落形成崩坡积物，大部分为崩坡积物，如图 5.29 所示右岸坡有一处崩坡积体，总高度约为 9m，坡面坡度约为 30°。

图 5.28　主沟左侧基岩三组节理

图 5.29　黄土滑坡及崩积物

　　图 5.30 为向阳口东河沟主沟流通区上游横剖面。主沟上游沟谷宽度约为 10～20m，下切深度较小，主沟两岸部分坡面坡度较陡，沟谷断面呈宽的"V"字形。主沟右岸形成凹地形，呈现"V"字形，坡度很大，形成跌水，见图 5.31。在形成区与流通区交汇处可见两岸崩坡积体使沟谷变窄，形成卡口，卡口底宽 0.9m，顶宽 1.7m，深 1.8m。两侧堆积体最大粒径可达 1m，最小粒径约 0.1m，颗粒间泥质充填，固结程度高。沿途可见主沟左岸强风化的基岩，风化基岩呈现白色，基岩坡脚多处可见风化剥落的岩块形成的倒石堆，见图 5.32。

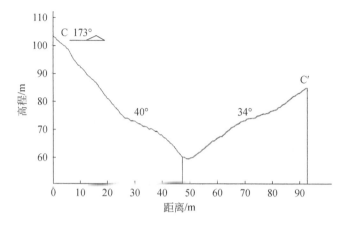

图 5. 30　向阳口东河沟主沟上游横剖面 C-C′

图 5. 31　形成区跌水

图 5. 32　基岩风化的倒石堆

2. 支沟 1

支沟 1 位于主沟的右侧，距离主沟沟口大约 230m 处，沟长约为 1698m，沟源高程为 1110m，沟口高程为 387m，平均坡降 48.0%，其纵剖面图见图 5.33。沟流向由 210°转为 175°，沟床坡度上游较陡，下游较平缓。该支沟断面形态呈现"V"字形，沟谷宽度 10~15m，下切平均深度为 3m，沟内植被发育较好，主要为杂草覆盖，支沟左岸受到的冲刷作用强于右岸，支沟向上游越来越陡，两岸坡高增大。支沟沟口可见先期泥石流堆积，在堆积扇上覆局部有基岩崩落形成的堆积体。

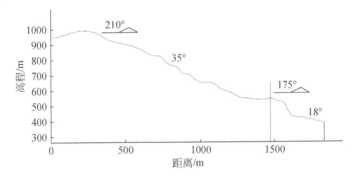

图 5.33　支沟 1 纵剖面图

堆积扇可见一条冲沟，宽约 7m，深 5m，冲沟两岸砾石为次棱角状到次磨圆状，见图 5.34。在支沟可见多处崩坡积体，见图 5.35，该崩积体斜坡长度 15m，后缘岩壁近陡立。支沟口右岸可见长达 72m 的两级坝阶地，局部有破坏现象，见图 5.36。

图 5.34　支沟 1 堆积扇上的冲沟

图 5.35　支沟 1 崩坡积体

图 5.36　支沟 1 沟口右岸坝阶地破坏

3. 支沟 2

　　支沟 2 位于主沟的右侧，距离主沟沟口约 782m 处，沟长约为 752m，沟源高程为 830m，沟口处高程为 454m，平均坡降为 57.7%，其纵剖面图见图 5.37。沟床较为顺直，总体流向为 187°，支沟上游沟底坡度较陡，沟床坡度大约为 26°。中游沟底坡度很大，为 44°。下游沟底坡度较缓，沟床坡度大约为 22°。该支沟宽度最大可达 80m，沟内有 3～4 处泥石流堆积物，沟口斜坡长 90m，宽 67m，坡度近 25°，坡面有冲沟，冲沟宽 5～7m，深约 6m，坡面植被发育，见图 5.38。支沟尽头沟谷较为宽缓，沟内植被发育一般。支沟两侧岩壁近陡立，基岩岸坡，沟内植被发育，沟内主要为碎石堆积，厚度小，块石最大粒径 2.7m。

4. 支沟 3

　　支沟 3 位于主沟的右侧，距离主沟沟口大约 1335m 处，沟长约为 1964m，沟

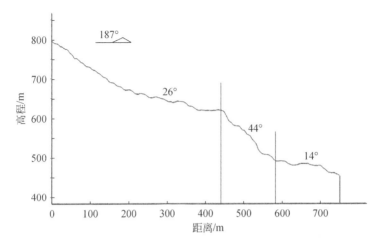

图 5.37　支沟 2 纵剖面

图 5.38　支沟 2 沟口冲沟

源高程为 1030m，沟口处高程为 490m，平均坡降为 28.6%，其纵剖面图见图 5.39。沟床整体方向较为顺直，总体流向大约为 173°，沟上游沟床坡度大约为 27°，中游沟床坡度为 14°，下游沟床坡度较陡，为 24°~58°，在沟口形成大的跌水，类似"瀑布"（图 5.40）。沟内植被以灌木为主，沟口植被堆积少。沟内"瀑布"，高度约 50m，"瀑布"面上可见水流冲刷的白色痕迹。沟内有崩落堆积的较大块石，块石最大长度可达 1.5m。

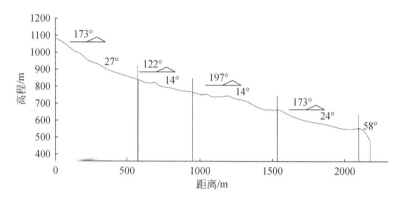

图 5.39　支沟 3 纵剖面

图 5.40　支沟 3 沟口

5. 支沟 4

支沟 4 位于主沟的右侧，距离主沟沟口大约 2158m 处，支沟长度大约为 583m，沟源高程为 936m，沟口高程为 570m，平均坡降为 80.6%，其纵剖面图见 图 5.41。沟较为顺直，总体流向约为 192°，沟的坡度约为 28°。该支沟左右两岸 局部有崩坡积物，崩坡积物厚度较小，固化程度高，植被覆盖较好，沟的上游宽 度和深度明显减小，沟底散落崩积物，支沟尽头植被覆盖较好，两岸崩坡积物较 为稳定。

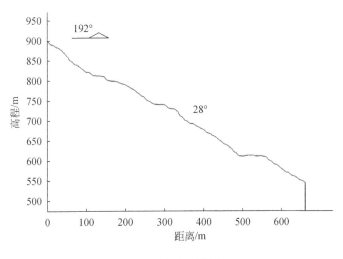

图 5.41 支沟 4 纵剖面

6. 支沟 5

支沟 5 位于主沟的左侧，距离主沟沟口约 1827m，支沟长度约为 379m，沟源高程为 616m，沟口高程为 517m，平均坡降为 27.1%，其纵剖面图见图 5.42。沟流向由 326°转为 251°，再转为 345°。沟的坡度从上游的 25°到下游逐渐减小为 13°。该支沟发育于主沟流通区，沟内左岸为崩坡积，物固化程度高，植被覆盖很好，见图 5.43；右岸基岩出露，沿体表面中—强风化，岩块碎裂掉落，岩层产状 99°∠26°，见图 5.44。

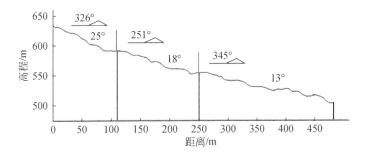

图 5.42 支沟 5 纵剖面

7. 支沟 6

支沟 6 位于主沟的左侧，距离主沟沟口约为 1421m，支沟长度约为 624m，沟源高程为 715m，沟口高程为 489m，平均坡降为 38.9%，其纵剖面图见

图 5.43　支沟 5 形态

图 5.44　支沟右岸基岩产状

图 5.45。沟流向由 294°转为 261°，再转为 306°。沟的坡度从上游的 25°到下游逐渐减小为 16°。该支沟口有明显的堆积扇，两岸岸坡基岩出露，局部有崩坡积物，崩坡积物厚度较小，固化程度高，植被覆盖较好。

5.3.1.4　流通区物源统计

向阳口东河沟的支沟大多发育于右岸，支沟规模大小不同，支沟坡角很陡是东河沟最大的特征。其中支沟 1、2 沟口物源较为丰富，而且沟较为平直，各支沟内两岸多为崩坡积物，倒石堆较为分布，粒径在 0.3~0.5m 左右。主沟形成区坡面坡度较陡，沟内崩积物基本已经固化，沟内物质虽然多，但均已经较为稳定，因此搬运至沟口的可能性较小。但在强降雨作用下，向阳口东河沟较大的汇水区可形成较大水流和较高水势能，进而形成搬运能量巨大的泥石流，由于向阳

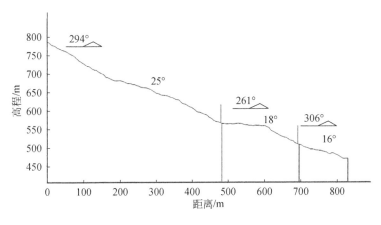

图 5.45 支沟 6 纵剖面

口东河沟泥石流的流通区既有沟谷宽窄变化，又有深浅变化，且支沟口可见多处跌水现象，因此泥石流在流动过程中，遇到流通区宽缓的地段，能量迅速释放，一些直径较大的碎屑首先停积下来，从而在泥石流的流通区形成了泥石流的局部堆积体；在多条支沟下游以及支沟沟口存在多处跌水，部分大粒径的块石堆积在一起也可以形成跌水，其上游逐渐淤积粒径较小的碎屑物质，当前方大粒径块石失稳破坏后，后方堆积体会随之失稳成为泥石流物源，这部分物质结构松散，胶结不好，多属于不稳定体或潜在不稳定体。在现场调查中，对于主沟及支沟内现已形成的不稳定体与较不稳定体，采取现场测量的方法，测得其堆积形态与几何尺寸，估算其方量；对于流通区内稳定的崩坡积体与黄土，通过在地形图圈定其分布范围，现场测得其平均厚度，以此估算其方量。将流通区内的物源统计于表 5.6 中。

表 5.6 向阳口东河沟泥石流流通区物源分布特征一览表

野外编号	物源性质	近似形状	分布面积 /m²	平均厚度 /m	估算公式	估算方量 /m³	现状稳定性
Ⅲ-XY-2	崩坡积	长条带	60×30	1.5	$S×H$	2700	较不稳定
Ⅲ-XY-3	崩坡积	长条带	80×25	1.5	$S×H$	3000	较不稳定
Ⅲ-XY-3.2	崩坡积	长条带	80×65	1	$S×H$	5200	较不稳定
Ⅲ-XY-4	崩坡积	长条带	2×2	0.5	$S×H$	2	较稳定
Ⅲ-XY-4	崩坡积	长条带	2×2	0.5	$S×H$	2	较稳定
Ⅲ-XY-4	崩坡积	长条带	2×2	0.5	$S×H$	2	较稳定

续表

野外编号	物源性质	近似形状	分布面积/m²	平均厚度/m	估算公式	估算方量/m³	现状稳定性
Ⅲ-XY-4	崩坡积	长条带	2×2	0.5	S×H	2	较稳定
Ⅲ-XY-4	崩坡积	长条带	2×2	0.5	S×H	2	较稳定
Ⅲ-XY-7	崩坡积	长条带	50×1	0.5	S×H	25	较稳定
Ⅲ-XY-8	崩坡积	长条带	0.9×2	6	S×H	10.8	较稳定
Ⅲ-XY-8	崩坡积	长条带	0.3×1.5	3	S×H	1.35	较稳定
Ⅲ-XY-8	崩坡积	长条带	0.3×1.5	3	S×H	1.35	较稳定
Ⅲ-XY-9	崩坡积	长条带	200×7	1.5	S×H	2100	较不稳定
IXYD10	崩坡积	半锥形	4×4×3.14/2	4	1/3×S×H	100.48	不稳定
IXYD10	崩坡积	半锥形	4×4×3.14/2	4	1/3×S×H	100.48	不稳定
ⅡXYD-Y1-2	崩坡积	长条形	12×15	2	S×H	360	较不稳定
ⅡXYD-18	崩坡积	长条形	72×0.4	2	S×H	57.6	不稳定
ⅡXYD-20	泥石流堆积	不规则	50×22	3	S×H	3300	较不稳定
ⅡXYD-20	泥石流堆积	不规则	50×22	4	S×H	4400	不稳定

表5.7给出了各不同稳定性堆积体的总量。

表5.7　向阳口东河沟物源方量统计表

区段	不稳定方量/×10⁴m³	较不稳定方量/×10⁴m³	稳定方量/×10⁴m³		总计/×10⁴m³
			先期泥石流堆积	崩坡积体	
形成区	0	0.21	0	0.072	0.282
流通区	0.47	1.42	3.828	2.745	8.463
总计	0.47	1.63	3.828	2.817	8.745

　　不稳定体和较不稳定体是泥石流的主要补给物源，今后随着时间推移，特别是主沟沟壁稳定物源将逐渐垮塌，崩落范围会向两侧山坡扩展。两侧山坡上的崩坡积体的稳定性会渐次发生转变，由稳定状态渐变为潜在不稳定状态，甚至发生崩塌，成为不稳定体，所以向阳口东河沟的松散物源量有随时间增长呈动态发展的趋势。

　　门头沟区东河沟流域内，由于地势陡峭，沟内两岸坡度很陡，没有可通行的道路，部分支沟和形成区等无法实地定点调查，可能存在少量未确定物源。依据区内现场调查，东河沟流域内物源固结程度高，稳定性很好。

5.3.2　向阳口东河沟堆积区及流体特征

5.3.2.1　堆积扇总体特征

向阳口东河沟堆积区在平面形态上呈椭圆形，长轴方向约为110°，长轴垂直于沟口流向，长约394m，短轴方向与沟口流向一致，长度约为260m，平面面积大约$6.529 \times 10^4 \text{m}^2$。其堆积扇前缘已经到达永定河河岸，并发现堆积扇有挤压河道的迹象。该堆积扇平面形态见前述图5.46，沟口扩散角约为102°，堆积扇起伏角度约为5°~6°，堆积扇前缘生长有数颗榆树，榆树最大直径为0.25m，堆积扇被公路切穿，见图5.47。

图5.46　向阳口东河沟堆积扇形态

图5.47　向阳口东河沟堆积扇全貌

　　由于泥石流堆积扇大部分已被村庄覆盖，受到人工扰动，有道路、房屋等，寻找完整揭露最后一次泥石流期次的剖面较为困难，但从主沟口右岸的土堆可寻找最后一次泥石流期次的剖面，如图 5.48 和图 5.49。从断面上可以看到堆积扇剖面中最后一期泥石流堆积层，厚度为 0.6 ~ 0.8m，其界面为一细粉砂层，堆积物中砂砾含量较高，粒径较小，多在 0.01 ~ 0.1m，只在堆积扇坡面上分布有少量粒径在 0.3 ~ 0.5m 的碎石。根据堆积扇最后一期的平面面积与堆积厚度，可得其最后一期泥石流堆积方量约为 $334.7 \times 10^4 m^3$。

图 5.48　堆积扇多期泥石流最后一期堆积远景

图 5.49　堆积扇多期泥石流最后一期堆积近景

5.3.2.2　堆积扇粒度及流体特征

　　为了研究泥石流堆积物的粒度组成，在堆积扇上取两组平行样进行筛析试验，在现场对大于 200mm 的砾石含量通过划定窗口估计其含量，大约为 5%，对于粒径介于 1~200mm 的颗粒进行现场筛析，小于 1mm 的带回室内进行静水沉降试验以最终确定其粒度组成。将大于 200mm 的粒径含量考虑在内进行修正之后的现场筛分与室内颗分试验结果见表 5.8。

表 5.8　筛析-颗分成果表

阶段	粒径/mm	平均	
		质量/kg	百分量/%
现场筛分	>200	0.00	0.00
	200~60	1.36	12.43
	40~60	1.06	9.69
	20~40	1.21	11.06
	10~20	1.39	12.71
	5~10	1.10	10.05
	2~5	0.98	8.96
	1~2	0.17	1.55
	0.5~1	0.45	4.11
室内颗分	0.25~0.5	0.18	1.65
	0.075~0.25	0.44	4.02
	0.005~0.075	2.29	20.93
	0.002~0.005	0.06	0.55
	<0.002	0.25	2.29
	总计	10.94	100.00

根据建设部主编的《岩土工程勘察规范》（GB50021—2001，2009 修订版），粒径大于 2mm 的颗粒质量占总质量的 50% 以上，该土样粒径大于 2mm 的颗粒质量百分数为 64.92%，对该土样定名为角砾，根据表 5.8 筛析-颗分成果表，估算小于某一粒径的土粒百分含量，以粒径 d 为横坐标，以该粒径的累计百分含量为纵坐标，在半对数坐系中绘制其颗粒累积百分比含量曲线，详见图 5.50。

利用绘制的堆积区颗粒累积百分比含量曲线图，可以估算土粒分布特征参数，详见表 5.9。

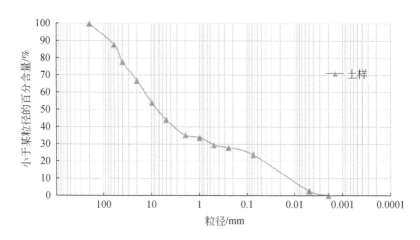

图 5.50   堆积扇剖面土样累积百分比含量

表 5.9   堆积扇土样累积百分曲线特征参数

土样号	有效粒径 d10/mm	平均粒径 d50/mm	控制粒径 d85/mm	d30/mm	d60/mm	曲率系数	不均匀系数	级配情况
ⅡXYD-29	0.012	7.5	51	0.53	13	1.8	1083.3	不良级配

从表 5.9 累积百分曲线特征参数发现，该堆积区图的不均匀系数远大于 5，曲率系数为 1~3，判断该堆积区土为不良级配土，粒径在 0.005~0.075mm 范围的土含量相对突出，约占总质量的 21%，粒径在 200~60mm 范围以及 20~10mm 的土粒含量也较为突出，约占总质量的 12%，其他粒径土粒均有分布，表明有一定的搬运能力。估算堆积区各粒径区段换算成 φ 值所对应的百分量如图 5.51 所示，对应的正态概率分布累积曲线图 5.52 所示（李阅和唐川，2007）。

根据土样粒度参数表 5.10 的估算结果，对照福克和沃得及弗里德曼提出的相关参数做出如下分析：平均粒径为 0.21mm，表明泥石流形成的环境能量较低；分选程度按标准偏差分级划分，属于分选极差；按偏度分级划分，属于极正偏；按照峰度划分，属于平宽；而根据特拉斯特的分选系数分级划分，属于分选差，由于特拉斯特的分选方法精度差，其估算结果仅作为参考使用。根据 γ2 综合判别结果小于 9.8433，属于浊流相沉积，浊流相是一种高密度的海底沉积，而对应于陆地的浊流相，应当是泥石流相。该曲线与浊流沉积物粒度概率曲线有较好的相似性，反映了在较高能量的水动力条件下的沉积特征。总体看来，该泥石流的特点为悬浮—滚动相结合的搬运方式。

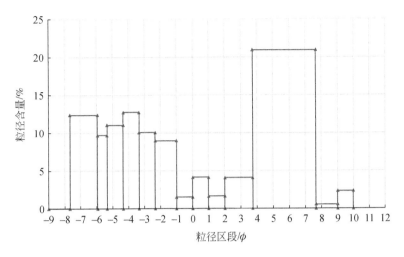

图 5.51 两组平行土样各粒径区段 φ 百分含量直方图

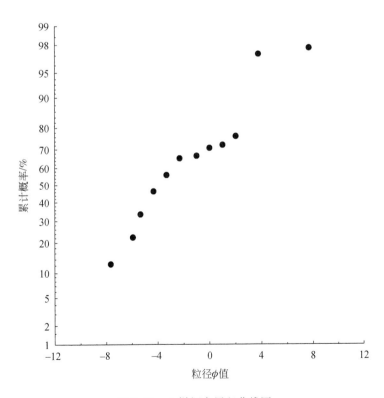

图 5.52 土样概率累积曲线图

表 5.10　土样粒度参数表

概率累积特征粒径值							粒度平均值（Mz/d）/mm	标准偏差 σ1	偏度 SK1	峰度 Kg	分选 S0	综合 γ2
φ5	φ16	φ25	φ50	φ75	φ84	φ95						
-7.0	-5.66	-5.02	-2.94	3.36	5.28	7.29	1.11/2.153	4.91	0.46	0.70	18.1	-3.67

5.3.2.3　东河沟流域岸坡结构特征

根据东河沟现场调查结果，东河沟流域出露岩体主要岩性为蓟县系雾迷山组（Pt）白云岩。岸坡出露岩体整体为弱—中风化，根据《水电工程边坡工程地质勘察技术规程》（DL/T_5337—2006），东河沟岸坡主要为层状结构，该类型岸坡易形成层面与节理组成的楔形体滑动或者出现崩塌现象。另外，流域内岸坡岩体内部还发育两组陡倾的延展性很好的节理，但由于岩层较厚，并且另外两组节理平均间距都大于1m，造成三组节理切割的岩块块体较大，在无较大外力作用下，形成大崩塌的概率较小。

5.3.3　向阳口东河沟泥石流危害性评价

5.3.3.1　泥石流流量估算

首先根据《北京市水文手册》估算不同暴雨设计频率下的各沟的洪峰流量，以向阳口东河主沟为例，过程见表5.11。

表 5.11　估算得东河沟控制断面泥石流最大洪峰流量

流域面积/km²	5.58				
沟长/km	3.059				
平均坡降/‰	110.6				
流域特征系数	7.54				
汇流参数	0.63				
设计频率/%	100	10.00	5.00	2.00	1.00
	1 年	10 年	20 年	50 年	100 年
损失参数	2.75	4.60	5.10	5.56	5.45
汇流时间/h	1.80	1.20	1.05	1.12	1.05
清水洪峰流量/(m³·s⁻¹)	8.0	60.0	70.0	89.0	110.0
泥石流流量修正系数	1.36				
堵塞系数	1.50				
泥石流洪峰流量/(m³·s⁻¹)	16.3	122.1	142.4	181.1	223.8

参考蒋家沟泥石流全过程的平均值给出北京地区向阳口东河流域各泥石流沟平均历时的建议值，见表5.12。

表5.12 向阳口东河流域泥石流沟全过程历时建议值

县区	流域名	面积/km²	沟长/km	坡降/%	历时/h
东川	蒋家沟	47.10	12.10	18.0	4.6
门头沟区	向阳口东河沟	5.58	3.06	11.6	1.5

根据《泥石流灾害防治工程勘察规范（试行）》（T/CAGHP 006—2018），估算向阳口东河流域各泥石流沟一次最大冲出量，估算结果如表5.13。

表5.13 不同暴雨设计频率条件下向阳口东河泥石流沟一次泥石流过程总量

沟道名称	设计频率/%				
	100	10.00	5.00	2.00	1.00
	1年	10年	20年	50年	100年
向阳口东河沟/10⁴m³	0.99	7.45	8.69	11.05	13.66

根据《泥石流灾害防治工程勘察规范（试行）》（T/CAGHP 006—2018），估算出对应于不同暴雨频率的一次泥石流冲出的固体物质总量，如表5.14。

表5.14 不同暴雨设计频率下向阳口东河泥石流沟一次冲出固体物质总量

沟道名称	设计频率/%				
	100	10.00	5.00	2.00	1.00
	1年	10年	20年	50年	100年
向阳口东河沟/10⁴m³	0.26	1.96	2.28	2.90	3.59

5.3.3.2 泥石流冲击力估算

根据稀性泥石流流速公式，结合所选断面，可以得到泥石流流量和泥石流深度及断面面积之间的对应关系见表5.15。

表5.15 向阳口东河小流域上断面 A-A′相关参数表

泥石流深/m	高程/m	断面面积/m²	坡降	湿周/m	水力半径/m	糙率	泥石流流量/(m³/s)
0	376	0	0.1	6	0.00	0.06	0.00

续表

泥石流深 /m	高程 /m	断面面积 /m²	坡降	湿周 /m	水力半径 /m	糙率	泥石流流量 /(m³/s)
0.5	376.5	2.56	0.1	8.69	0.29	0.06	3.50
1	377	8.3	0.1	14.5	0.57	0.06	17.65
1.5	377.5	16.81	0.1	19.42	0.87	0.06	47.09
2	378	27.24	0.1	23	1.18	0.06	94.05
2.5	378.5	39.52	0.1	27.24	1.45	0.06	156.22
3	379	54.13	0.1	32.79	1.65	0.06	233.21
3.1	379.1	56.26	0.1	34.28	1.64	0.06	241.44
3.5	379.5	70.91	0.1	40.94	1.73	0.06	315.44

已知百年一遇暴雨设计频率下泥石流最大洪水流量为 223.8m³/s，根据插值原理得到相应的泥石流流速，进而可估算泥石流流速为 4.33m/s。

根据《泥石流灾害防治工程勘察规范（试行）》（T/CAGHP 006—2018），可以得到向阳口东河流域各泥石流沟的泥石流整体冲击力，估算结果如表 5.16。

表 5.16　泥石流整体冲击力计算表

沟名	重度/(t·m³)	流速/(m·s⁻¹)		冲击力/kPa
向阳口东沟	1.46	4.33	整体	3.71

5.3.3.3　最大危害范围估算

根据《泥石流灾害防治工程勘察规范（试行）》（T/CAGHP 006—2018），可以得到向阳口东河流域各泥石流沟的泥石流堆积区危险范围，估算具体过程，以主沟为例，见表 5.17，分布范围见图 5.53。

表 5.17　不同暴雨设计频率流条件下泥石流堆积最大影响范围预测

流域	计算项目	设计频率/%				
		100	10.00	5.00	2.00	1.00
		1 年	10 年	20 年	50 年	100 年
东河沟	一次冲出固体物质总量/10⁴m³	0.26	1.96	2.28	2.90	3.59
	泥石流堆积宽度/m	93.14	106.75	128.10	153.24	200.63
	泥石流堆积长度/m	213.12	234.77	256.35	281.93	317.40

图 5.53 各频率泥石流最大堆积范围

6 门头沟区突发地质灾害监测预警系统

6.1 监测预警系统概况

北京市突发地质灾害监测预警系统是 2013 年 12 月北京市发展和改革委员会批准实施的项目，该工程初设批复资金为 5581 万元，包括门头沟区、房山区、密云区三个区。其中在门头沟区布设安装 144 台（套）野外专业监测仪器（表 6.1），建设门头沟监测站 1 个，对 38 处突发地质灾害隐患点进行专业监测，其中，泥石流沟 34 条、滑坡 1 处、采空塌陷区 1 处以及崩塌隐患 2 处[①]。

表 6.1 专业监测仪器统计表

序号	监测仪器名称	监测内容	野外监测仪器数量
1	一体化自动雨量监测仪	实时雨量	38
2	一体化土壤含水率监测仪	土壤含水率	18
3	一体化泥石流次声监测仪	泥石流次声	21
4	一体化野外视频监控仪	泥石流活动	7
5	一体化泥位监测仪	泥石流泥位	1
6	一体化深部测斜监测仪	深部位移	5
7	GNSS 监测仪	重点点位地形变	20
8	一体化地表裂缝位移监测仪	地表裂缝位移	4
9	一体化地下水位监测仪一体化孔隙水渗压监测仪	地下水位、孔隙水压力	8
10	远程应力实时监测仪	应力	6
11	CR 监测站	区域地形变	8
12	一体化静力水准监测仪	采空区竖向位移	1

---

① 北京市突发地质灾害监测预警系统工程运行项目报告 . 2021. 北京市地质研究所 .

续表

序号	监测仪器名称	监测内容	野外监测仪器数量
13	一体化微震监测仪	微震事件	1
14	无线裂缝位移计	崩塌隐患危岩体位移变化	4
15	预警警示装置	警示作用	2
16	合计		144

6.1.1　专业监测建设

6.1.1.1　泥石流监测

在门头沟区 34 条泥石流沟内共计安装 75 台（套）专业监测仪器，其中一体化自动雨量监测站 34 台、一体化土壤含水率监测站 12 台、一体化泥石流次声监测站 21 台、一体化泥位监测站 1 台、一体化野外视频监控站点 7 台（表 6.2），实地照片见图 6.1 ~ 图 6.5。

表 6.2　泥石流专业监测仪器安装情况一览表

行政区	乡镇名称	一体化自动雨量	一体化土壤含水率	一体化泥石流次声	一体化泥位	一体化野外视频	合计
门头沟	清水镇	18	9	10	1	4	42
	斋堂镇	8	3	5	0	1	17
	王平镇	1	0	0	0	0	1
	雁翅镇	3	0	2	0	0	5
	军庄镇	1	0	1	0	0	2
	妙峰山镇	1	0	1	0	0	2
	永定镇	1	0	1	0	1	3
	潭柘寺镇	1	0	1	0	1	3
总计		34	12	21	1	7	75

图 6.1　一体化自动雨量监测站

图 6.2　一体化泥石流次声监测站

图6.3　一体化土壤含水率监测站

图6.4　一体化泥位监测站

图 6.5　一体化野外视频监控站

6.1.1.2　滑坡监测

在门头沟区戒台寺滑坡体，共布设 35 个监测点，安装 39 台（套）专业监测仪器，其中一体化自动雨量监测站 1 台、一体化地表裂缝位移监测站 4 套、一体化深部位移监测站 4 套、一体化压力式水位监测站 4 套、一体化孔隙水渗压监测站 4 套、一体化土壤含水率监测站 4 台、GNSS 监测站 12 台、远程应力实时监测站 6 台，监测仪器安装情况见表 6.3，现场情况见图 6.6～图 6.9。

表 6.3　门头沟戒台寺滑坡监测仪器安装情况一览表

名称 位置	GNSS	地表 裂缝	地下 水位	孔隙 水渗压	深部 位移	土壤 含水率	远程 应力	雨量	合计
108 国道北侧	1						3		4
108 国道南侧	1	1	1	1	1	1	3		9
戒台寺南侧	1	1	1	1	1	1			6
戒台寺内	6								6

续表

位置＼名称	GNSS	地表裂缝	地下水位	孔隙水渗压	深部位移	土壤含水率	远程应力	雨量	合计
戒台寺上方								1	1
画家院子		1	1	1	1	1			5
秋坡村内	3	1	1	1	1	1			8
总计	12	4	4	4	4	4	6	1	39

图 6.6   一体化地表裂缝位移监测站

6.1.1.3   采空塌陷监测

在门头沟区王平镇南港村采空塌陷区共安装 22 台（套）专业监测仪器，开展专业监测。其中一体化自动雨量监测站 1 台、一体化土壤含水率监测站 2 台、一体化静力水准监测站 1 套、一体化深部测斜监测站 1 套、微震监测站 1 套、CR-InSAR 监测站 8 套、GNSS 监测站 8 台（表 6.4），实地照片见图 6.10 ~图 6.12。

图 6.7 GNSS 变形位移监测
系统、压力式水位计

图 6.8 压力式水位计、地下水渗压仪、
深部测斜仪、土壤含水率（由左到右）

图 6.9 远程应力实时监测站

表 6.4 采空塌陷监测仪器安装情况一览表

区	监测对象	监测仪器和数量/（台/套）							合计
		GNSS	CR-InSAR	深部测斜	静力水准	雨量	土壤含水率	微震	
门头沟	王平镇南港村	8	8	1	1	1	2	1	22

图 6.10　一体化深部位移监测站

图 6.11　CR-InSAR 监测站

图 6.12　GNSS 监测站

6.1.1.4　崩塌监测

在门头沟区 2 处崩塌隐患点开展自动监测，共安装 10 台（套）专业监测仪器，其中一体化自动雨量监测站 2 台、无线裂缝位移计 4 套、崩塌预警警示装置 4 套（表 6.5），实地情况见图 6.13。

表 6.5　崩塌监测仪器安装情况一览表

区	监测区	监测仪器和数量/（台/套）			合计
		雨量计	lora 无线裂缝位移计	崩塌预警警示装置	
门头沟	斋堂镇法城 G109K69 ~ K73	1	4	2	7
	雁翅村 S219K39+600 ~ 900	1	0	2	3
合计		2	4	4	10

图 6.13　崩塌预警警示装置

6.1.2　监测站建设

门头沟监测站位于北京市门头沟区斋堂镇南 3km 的马栏沟内路东侧，监测站建筑面积 597m²，具有数据处理、数据分析、资料展陈、物资存储、应急值班及远程会商等功能。门头沟监测站共配置计算机类设备共 39 台，建设了一座简易气象站。

该监测站于 2017 年 9 月 13 日通过了区建委组织现场竣工验收，目前已运行近 5 年。

6.2　突发地质灾害监测预警

在总结门头沟区突发地质灾害发育分布现状的基础上，对各灾种自动监测数据、人工监测数据以及遥感监测数据进行综合对比分析，逐步深化对门头沟地区突发地质灾害成灾机理的认识，逐步完善和修正突发地质灾害监测预警判据（唐亚明等，2012）。

为充分发挥地质灾害专业监测效用，有效服务于门头沟区突发地质灾害防灾减灾工作，主要从以下几方面提供服务。

6.2.1　监测信息实时报

为更好地服务于突发地质灾害防治工作，充分发挥专业监测设备的效用，技术人员实时关注专业监测数据，并对汛期突发降雨情况进行报送，具体报送分为平安报、提示报和降雨实时报三种级别。

（1）平安报：当突发地质灾害监测预警系统所覆盖的山区无降雨时，将分别在 11 时、18 时各报一条信息。

（2）降雨提示报：当突发地质灾害监测预警系统所覆盖的山区有降雨且当天累计雨量（从当日早8点算起）达到5mm时，开始上报信息。

（3）降雨实时报：突发地质灾害监测区有降雨且当天累计雨量（从当日早8点算起）达到20mm时，开始上报信息，累计雨量每增加20mm上报一次，直至降雨结束。

同时，在降雨结束后，对降雨过程中的累计降雨量、降雨历时、最大小时雨强、含水率分布等情况进行总结和分析，并于次日早9时前以《监测信息简报》形式上报综合信息。

6.2.2　监测信息简报

强降雨过后对一次降雨过程中的监测信息进行总结分析时，需以监测信息简报形式对降雨时空分布特征、含水率饱和度分布、泥水位监测值以及次声、视频等监测情况进行概括分析，并应在降雨结束后30分钟内发布《山区突发地质灾害监测简报》。

6.2.3　预警会商信息

根据地质灾害发育现状和地质灾害滞后性特点，综合考虑前期降雨条件（土壤饱和）以及天气预报的降雨落区，根据地质灾害气象风险预警等级的划分原则，向主管部门提出山区地质灾害气象风险预警等级的建议和相关防控措施，并以传真形式发送至主管部门。预警信息服务时效如下。

当气象台发布气象预警信息时，应对地质灾害监测预警数据进行分析研判，开展地质灾害气象风险会商，并在1小时内向主管部门提交《山区突发地质灾害监测预警会商服务信息》。

当处于地质灾害预警期时，需结合地质灾害监测预警数据分析结果及当天气象最新预报或预警信息，继续向主管部门提交《山区突发地质灾害监测预警会商服务信息》，提交时间应控制在地质灾害预警期满前12个小时内。

6.2.4　监测预警信息

当监测点监测值或宏观表现超过或达到表6.6～表6.9所示泥石流、滑坡、崩塌和采空塌陷预警判据标准时，应按照表中所述内容开展单灾种预警信息报送，并通过现场核查、专家会商等环节确定岩土体变形特征，以专报形式上报主管部门。

表6.6　泥石流预警级别及应对措施

预警级别	判别标准			报送内容	应对措施
	过程雨量/小时雨强	其他监测	宏观表现		
蓝色（有一定风险）	162mm/72mm	土壤含水率监测值达到饱和度的70%	山区土壤接近饱和	1. 雨量监测数据统计报表 2. 降雨量–时间过程曲线图 3. 不同深度的土壤含水率–时间曲线	注意监测和巡查
黄色（风险较高）	189mm/84mm	土壤含水率监测值达到饱和度的80%以上	已出现充沛的前期降雨，同时气象部门发布大雨以上的降雨预警	1. 雨量监测数据统计报表 2. 降雨量–时间过程曲线图 3. 不同深度的土壤含水率–时间曲线 4. 径流量–时间过程曲线图	加强监测和巡查，做好防灾准备
橙色（风险高）	216mm/96mm	泥水位监测值达0.8~1.0m，视频观测到径流湍急，局部有岸坡失稳现象	前期降雨充沛，沟道内径流量大，洪水侵蚀岸坡明显，局部出现崩塌、滑坡等物源体失稳现象、径流逐步变浑浊	1. 泥石流沟地质环境背景及威胁对象特征 2. 雨量监测数据统计报表 3. 降雨量–时间过程曲线图 4. 径流量–时间过程曲线图 5. 视频影像 6. 建议与措施	持续监测，做好避险准备
红色（风险很高）	243mm/120mm	泥水位监测值达1.0~1.5m，视频观测到径流湍急，水流浑浊，次声波监测到典型的次声波波形	前期降雨充沛，小时雨强较大，沟道出现断流、水流变浑，山谷中传来泥石流轰鸣声，肉眼、望远镜或视频观测到泥石流在沟谷中运动	1. 泥石流沟地质环境背景及威胁对象特征 2. 雨量监测数据统计报表 3. 降雨量–时间过程曲线图 4. 径流量–时间过程曲线图 5. 视频影像 6. 次声时域、频域以及时频图 7. 建议与措施	按已有应急预案撤离群众

表 6.7　滑坡预警级别及应对措施

预警级别	判别标准		报送内容	应对措施
	监测数据	宏观表现		
蓝色（有一定风险）	滑动力 $T \geqslant 240$kN	地表产生裂缝并逐渐增多，长度逐渐增大，并逐渐向前扩展，后缘产生不连续的弧形拉张裂缝，两侧出现间断的羽状裂缝，滑体局部出现隆起、沉陷。滑塌偶尔发生。滑坡区房屋以及公路出现开裂现象	1. 通过表格、图件等分析专业监测数据变化情况 2. 现场调查情况 3. 滑坡演化阶段 4. 滑坡变形发展趋势 5. 滑坡危险区及影响区划分；以及威胁对象 6. 建议	1. 继续监测 2. 加强地表巡查
黄色（风险较高）	滑动力 $T \geqslant 300$kN，滑动力增量 $\Delta T \geqslant 20$kN	后缘弧形拉张裂缝趋于连接，开始加大加深，滑体开始错落下沉，开始出现顺两侧壁方向的剪张裂缝。滑塌时有发生。滑坡区房屋以及公路裂缝加长加深，局部下沉	1. 监测数据变化情况 2. 现场调查情况 3. 滑坡变形发展趋势 4. 建议	1. 报告主管部门 2. 全天候监测和地表巡查，加密监测频率 3. 处于危险区的居民和贵重物资做好转移准备 4. 提示 G108 行人有滑坡危险，要求避让 5. 做好抢险救灾准备工作
橙色（风险高）	滑动力 $T \geqslant 600$kN，滑动力增量 $\Delta T \geqslant 50$kN	后缘弧形裂缝基本连接，明显加大、加深，滑体错落下沉明显，两侧羽状裂缝加强，并与后缘裂缝趋于贯通，前缘局部出现放射状裂缝，隆起现象显著，滑塌常有发生。滑坡区房屋以及公路裂缝进一步扩展，并下沉	1. 监测数据变化情况 2. 现场调查情况 3. 滑坡变形发展趋势 4. 建议	1. 报告主管部门 2. 24 小时不间断监测巡查；持续加密监测频率 3. 有序转移危险区内人员及重要资产设备 4. G108 封路

续表

预警级别	判别标准		报送内容	应对措施
	监测数据	宏观表现		
红色（风险很高）	滑动力 $T \geq 900\text{kN}$，滑动力增量 $\Delta T \geq 100\text{kN}$	后缘弧形拉张裂缝贯通，形成弧形拉裂圈，并与两侧剪张裂缝连接，呈现整体滑移边界，并急剧加长、增宽、下沉、新裂缝、次生裂缝不断产生；滑体后部大幅度下沉，后缘壁明显，并出现前端滑床挤压褶皱，伴有挤压裂缝，前缘出现鼓包，隆起开裂滑塌。出现地微动、地声等异常。滑坡区房屋以及公路下沉严重，局部损毁	1. 监测数据变化情况 2. 滑坡变形发展趋势 3. 建议	1. 报告主管部门 2. 滑坡危险区和影响区的所有人员立即撤离滑坡区 3. G108继续封路

注：（1）表中监测阈值为参考值，随着数据的不断积累，对目前阈值进行相应的调整修正。

（2）滑动力 $T = T_n - T_0$，滑动力增量 $\Delta T = T_n - T_n - 1$，初始预应力 $T_0 = 300\text{kN}$。

表6.8 崩塌预警级别及应对措施

预警级别	判别标准		报送内容	应对措施
	监测数据	宏观表现		
蓝色（有一定风险）	单个隐患点单台智能崩塌监测仪累计位移 $\geq 3\text{mm}$ 且 $\leq 5\text{mm}$	无危岩体破坏现象；无地声异常；无动植物异常；无地表水和地下水异常；无新的人类工程活动	崩塌隐患基本特征、监测成果（监测要素变化过程线图）、现场调查情况、监测结论与建议	现场核实调查
黄色（风险较高）	单个隐患点单台智能崩塌监测仪累计位移 $\geq 5\text{mm}$ 且 $\leq 10\text{mm}$；或单个隐患点3台及以上智能崩塌监测仪累计位移 $\geq 3\text{mm}$ 且 $\leq 5\text{mm}$	无危岩体破坏现象；无地声异常；无动植物异常；无地表水和地下水异常；无新的人类工程活动	崩塌隐患基本特征、监测成果（监测要素变化过程线图）、现场调查情况、监测结论与建议	现场核实调查，专业设备持续加密监测，以7d为一周期，监测分析隐患点危岩体变形变化情况，至现场情况稳定或危岩体发生破坏

续表

预警级别	判别标准		报送内容	应对措施
	监测数据	宏观表现		
橙色（风险高）	单个隐患点1台及以上智能崩塌监测仪累计位移≥10mm且≤15mm；或单个隐患点3台及以上智能崩塌监测仪累计位移≥5mm且≤10mm	岩、土体有异常渗流；有新进行的人类工程活动	崩塌隐患基本特征、监测成果（监测要素变化过程线图、人工监测成果图）、现场调查情况、监测结论与建议	现场核实调查，专业设备持续加密监测，在操作安全的情况下，派驻专业技术人员入现场核查；以24h为一周期，监测分析隐患危岩体变形，至情况稳定或危岩体发生破坏
红色（风险很高）	单个隐患点1台及以上智能崩塌监测仪累计位移≥15mm；或单个隐患点3台及以上智能崩塌监测仪累计位移≥10mm	岩、土体有异常渗流；有新人类工程活动；山体现新裂缝或原有裂缝出现新变化；小块浮石或松散物坠落；岩、土体出现鼓胀、坍塌；建（构）筑物出现变形、裂缝，地声异常	崩塌隐患基本特征、监测成果（监测要素变化过程线图、人工监测成果图）现场调查情况、监测结论与建议	现场核实调查，专业设备持续加密监测，在操作安全的情况下，派驻专业技术人员入现场核查；实时监测分析隐患点危岩体变形情况，至现场情况稳定或危岩体发生破坏

注：崩塌预警要在分析监测数据的情况下进行详细的现场调查，充分结合现场宏观特征表现进行综合判断。

表6.9　采空塌陷专业监测预警级别及应对措施

预警级别	判别标准		报送内容	应对措施
	监测数据	现场调查		
蓝色（有一定风险）	专业监测单台设备发现数据异常，变化剧烈或超出往年监测数据最大值30%。雨量在气象预警红色以下	现场调查无灾情，地面无明显变形情况	1. 专业监测设备数据近3天变化情况 2. 现场调查情况 3. 建议	现场调查核实

续表

预警级别	判别标准		报送内容	应对措施
	监测数据	现场调查		
黄色（风险较高）	专业监测多台设备发现数据异常，变化剧烈或超出往年监测数据最大值30%，或雨量达气象预警红色	现场调查地面无明显变形情况或有轻微变形情况，建筑物无损坏变形情况	1. 专业监测设备数据近2天变化情况 2. 现场调查情况 3. 建议	1. 专业设备持续加密监测频率 2. 派驻专业人员现场监测至专业监测数据恢复平稳3日
橙色（风险高）	专业监测多台设备发现数据异常，变化剧烈或超出往年监测数据最大值50%，或雨量达气象预警红色	现场调查地面或建筑物出现轻微变形，发现新的裂缝、沉降、塌陷坑等灾情	1. 专业监测设备数据近2天变化情况 2. 现场调查情况 3. 威胁人数和区域 4. 应对措施和建议	1. 专业设备持续加密监测频率 2. 派驻专业人员现场监测至专业监测数据恢复平稳3日 3. 现场地表变形情况不再增大
红色（风险很高）	专业监测多台设备发现数据异常，变化剧烈或超出往年监测数据最大值100%	现场调查发现建筑物或地面出现明显新的裂缝、沉降或塌陷坑；原有裂缝、塌陷坑或沉降区有明显增大、加剧发展趋势	1. 监测数据变化情况 2. 现场调查情况 3. 威胁人数和区域 4. 应对措施和建议	1. 专业设备持续加密监测频率 2. 派驻专业人员现场监测至专业监测数据恢复平稳3日 3. 现场地表变形情况不再增大

注：监测设备包括深部位移计、GNSS、水准测量、遥感 InSAR 以及微震。

6.3 监测预警近年主要工作成果介绍

6.3.1 降雨监测

据 2021 年山区雨量计监测结果显示，门头沟区平均年累计降雨量为 712.1mm，是前 5 年平均值的 1.9 倍、2020 年的 2.3 倍；最大年累计降雨量为 1307.6mm，是历年的 1.9 倍、去年的 2.0 倍。达到暴雨级别的典型降雨场次分别发生在 7 月 11~12 日、7 月 16~18 日以及 7 月 26~27 日。7 月份降雨具有降雨集中、雨强大、频率高的特点，导致岩土体含水率饱和、自重增加、抗剪抗滑强度降低，地质灾害发生数量激增。据统计，门头沟区 2021 年 7 月份共发生地质灾害近 20 起。

6.3.2　泥石流监测

34 条泥石流沟安装了 75 台（套）专业监测仪器开展了降雨量、土壤含水率、次声、泥水位、视频监测。泥石流监测结果表明，监测区内共有 5 条泥石流沟存在物源或威胁对象的变化，包括 4 条泥石流沟物源量增加（人类活动堆积物、崩滑塌和冲洪积物）和 3 条泥石流沟威胁对象发生变化（居民点增减）表 6.10；门头沟区 G109 新线高速公路（西六环路—市界段）由于施工过程中的土石方堆积，导致雁翅镇至清水镇路段周边 5 条沟域（青杨路南沟、双龙峡沟、上达摩沟、西达摩北沟、杜家庄西沟）的物源量增加（表 6.11），在强降雨条件下可能诱发泥石流，威胁居民和道路安全。

表 6.10　工作区泥石流沟物源和威胁对象变化情况一览表

序号	区	乡镇	行政村	沟域名称	变化类型
1	门头沟	永定镇	岢罗坨村	岢罗坨泥石流沟	物源增加、威胁对象增加
2		王平镇	西王平村	西王平村泥石流沟	物源增加、威胁对象增加
3			西石古岩村	色树坟泥石流沟	物源增加
4		潭柘寺镇	贾沟村	贾沟村泥石流沟	物源增加
5		斋堂镇	柏峪村	柏峪村泥石流沟	威胁对象减少

表 6.11　国道 109 新线高速公路周边泥石流风险沟域一览表

序号	乡镇	行政村	沟域名称	物源类型	方量 /m³	流域面积 /km²	备注
1	雁翅镇	青白口村	青杨路南沟	废弃堆砟	580000	0.11	非台账
2	斋堂镇	青龙涧村	双龙峡沟	废弃堆砟	460000	3.32	非台账
3	清水镇	上达摩新村	上达摩沟	废弃堆砟	138000	1.36	非台账
4		西达摩村	西达摩北沟	废弃堆砟	960000	1.39	非台账
5		杜家庄村	杜家庄西沟	废弃堆砟	15000	0.35	非台账

6.3.3　滑坡监测

门头沟戒台寺滑坡安装了 39 台（套）监测仪器开展了降雨量、土壤含水量、深部位移、地表位移、地下水、地表裂缝和应力的自动监测。监测结果显示：应力曲线形态较为平稳，未见突变值；GPS 采集数据波动正常；裂缝监测平均变幅较小。根据监测成果和现场调查综合判断，戒台寺滑坡监测期内处于稳定状态。

6.3.4　崩塌监测

门头沟区斋堂镇法城村 G109 K72 崩塌隐患、门头沟区雁翅镇南雁路 K38 + 500m 崩塌隐患共安装了 10 台（套）监测仪器开展了降雨量、裂缝位移自动监测和三维激光扫描人工监测。根据监测结果显示，监测的 2 处崩塌隐患点在监测期内处于稳定状态。

6.3.5　采空塌陷监测

（1）门头沟区王平镇南港村采空塌陷区安装了 22 台套监测仪器开展了自动监测；获取了 12 期 RadarSat-2 数据开展了 InSAR 遥感监测；开展了 4 次一等水准测量。

（2）自动监测数据显示，采空塌陷监测区内沉降速率最大值、倾斜最大值、曲率最大值指标均满足《煤矿采空区岩土工程勘察规范（GB51044—2014）》中关于地表"稳定"的判别指标，据此判断，采空塌陷区监测点在监测期内均处于稳定状态。

参 考 文 献

北京市地质矿产局．1991．中华人民共和国地质矿产部地质专报．一，区域地质．第27号，北京市区域地质志．北京：地质出版社．

郭英，张国华，2022．北京市门头沟区G109国道K40+800m崩塌特征及成因分析．城市地质，17（2）：158-163．

胡旭东，沈已桐，胡凯衡，等．2022．震区泥石流物源与冲出量的关系——以四川汶川县簇头沟为例．山地学报，40（3）：15．

李阔，唐川．2007．泥石流危险性评价研究进展．灾害学，22（1）：6．

李晓玮．2019．门头沟采空棚户区地块勘察及稳定性研究．城市地质，14（4）：61-71．

李晓玮．2020．不同工况条件对均质土体稳定性的影响．城市地质，（4）：371-379．

李远强，陈伟，吴彬．2015．物探方法在地质灾害勘查中的应用．城市地质，（S1）：95-100．

麻土华，郑爱平，李长江．2014．降雨型滑坡的机理及其启示．科技通报，30（1）：6．

马秀梅，刘晓燕，代青措，等．2019．局部高强度降雨的地质灾害特征分析．灾害学，34（1）：38-41．

潘华利，安笑，邓其娟，等．2020．泥石流松散固体物源研究进展与展望．科学技术与工程，20（24）：9．

齐干，张长敏．2021．达摩沟泥石流形成的物质条件分析及防治对策．水文地质工程地质，5：102-109．

孙艳林．2015．北京山区公路边坡病害的防治设计探讨．工程质量，33（2）：81-86．

唐亚明，张茂省，薛强，等．2012．滑坡监测预警国内外研究现状及评述．地质论评，58（3）：9．

王海芝．2009．北京景区泥石流灾害灾情评估模型的建立与应用．城市地质，4（4）：31-34．

王毅，唐川，何楚，等．2018．基于降雨频率的泥石流危险性评价研究．长江科学院院报，35（1）：6．